Prozeßmanagement

Modelle und Methoden

Springer
Berlin
Heidelberg
New York
Barcelona
Budapest
Hongkong
London
Mailand
Paris
Santa Clara
Singapur
Tokio

Günter Schmidt

Prozeß-
management

Modelle und Methoden

Mit 80 Abbildungen
und 12 Tabellen

 Springer

Professor Dr. Günter Schmidt
Universität des Saarlandes
Lehrstuhl für Betriebswirtschaftslehre
insb. Informations- und Technologiemanagement
Postfach 15 11 50
D-66041 Saarbrücken
E-mail: gs@itm.uni-sb.de

ISBN 3-540-63179-8 Springer-Verlag Berlin Heidelberg New York

Die Deutsche Bibliothek – CIP-Einheitsaufnahme
Schmidt, Günter: Prozeßmanagement: Modelle und Methoden / Günter Schmidt.
– Berlin; Heidelberg; New York; Barcelona; Budapest; Hongkong; London; Mailand; Paris; Santa Clara; Singapur; Tokio: Springer, 1997
  ISBN 3-540-63179-8

SPIN 10547494   42/2202-5 4 3 2 1 0 – Gedruckt auf säurefreiem Papier

Vorwort

Dieses Buch führt in grundlegende Modelle und Methoden für die Planung, Steuerung und Überwachung von Unternehmensprozessen ein. Obwohl zwischen materiellen und immateriellen Prozeßtypen unterschieden wird, lassen sich beide in einem einheitlichen Konzept behandeln. Zielgruppe der Ausführungen sind Studierende und Praktiker, die an neueren Entwicklungen auf dem Gebiet des Prozeßmanagements interessiert sind.

Im Mittelpunkt der Diskussion steht die Analyse von betrieblichen Abläufen im Unternehmen mit dem Ziel der Verbesserung von Effizienz und Effektivität. Besondere Aufmerksamkeit wird Ansätzen gewidmet, die zur Prozeßoptimierung eingesetzt werden können. Zu diesem Zweck werden sowohl verschiedene Modelle für die Problembeschreibung entworfen als auch entsprechende Methoden zur Problemlösung vorgestellt. Es werden die Entwurfs- und die Realisierungsebene von Prozessen unterschieden und einer eingehenden Betrachtung unterzogen. Das Gerüst der Ausführungen bilden die Aufgaben des dispositiven Prozeßmanagements. Es werden Waren und Informationsprozesse betrachtet und ihre Gemeinsamkeiten und Unterschiede herausgearbeitet. Die Spezifikation der Prozesse ist auf ablauforientierte Fragen ausgerichtet, so daß manche Merkmale, die man an anderer Stelle bei der Beschreibung von Prozessen findet, hier in den Hintergrund treten.

Bei der Erstellung des Buches war eine der Randbedingungen, eine vorgegebene Seitenzahl möglichst nicht zu überschreiten und

dennoch alle notwendigen Inhalte abzudecken. Ziel war es, die
textuelle Darstellung knapp zu halten und sie durch möglichst
viele Beispiele und Abbildungen zu unterstützen. Bleibt noch zu
erwähnen, daß die fünf Kapitel dieses Buches sequentiell entsprechend der gegebenen Numerierung gelesen werden sollten. Die ersten beiden Kapitel geben den Rahmen vor. Die folgenden Kapitel
füllen ihn mit Modellen und Methoden für das Prozeßmanagement.

Zu guter Letzt bedanke ich mich bei Frau Susanne Gerecht,
Frau Hedwig Staub und Herrn Dirk Bremer, die wertvolle technische und inhaltliche Unterstützung geleistet haben.

Saarbrücken, im Mai 1997

Günter Schmidt

Inhaltsverzeichnis

Kapitel 1

Grundlagen betriebswirtschaftlicher Prozesse

Ein Prozeß transformiert Input, häufig über mehrere Stufen, in Output. Je nach Anwendungsbereich sind Transformation, Input und Output unterschiedlich zu interpretieren. Ein betriebswirtschaftlicher Prozeß bzw. ein Unternehmensprozeß repräsentiert die Organisation einer Produktion zur Wertschöpfung mit dem Ziel, durch Einsatz von *Inputfaktoren* gewünschte *Outputgüter* zu erzeugen. Letztere werden als Ergebnisse des Prozesses als *Produkte* in Form von Sach- oder Dienstleistungen für die Nachfrage verfügbar gemacht.

Prozesse treten auf wenigstens zwei Ebenen auf, als Typ und als Ausprägung. Den *Prozeßtyp* erhält man durch eine generische Beschreibung eines Prozesses. Die *Ausprägung* ist die Realisierung eines Prozesses im Rahmen einer Anwendung. Die Ausprägung eines Prozesses wird im folgenden auch als Auftrag bezeichnet. So gehört beispielsweise zum Prozeß vom Typ "Reisekostenabrechnung" der Auftrag "Abrechnung der Reise x des Mitarbeiters y". Zu einem anderen Prozeß vom Typ "Rechnungsprüfung" gehört der Auftrag "Prüfung der Rechnung u des Lieferanten v".

Die Organisation von Prozessen tritt ebenfalls auf wenigstens zwei Ebenen auf. Ausgehend vom Produkt und den verfügbaren Inputfaktoren muß der Prozeß in seiner grundlegenden Form spezifiziert werden; dies ist Aufgabe der *Prozeßplanung*. Die Durchführung der Ausprägungen unterschiedlicher Prozesse muß ebenfalls organisiert werden; dies führt zur *Auftragsplanung*. Häufig wird ein Prozeß spezifiziert, bevor er ausgeführt wird. So wird beispielsweise zunächst der Prozeß vom Typ "Reisekostenabrechnung" spezifiziert. Sind verschiedene Prozesse aktiv, so sind diese zu koordinieren. Dies trifft beispielsweise auf die gleichzeitige Durchführung mehrerer Reisekostenabrechnungen von Mitarbeitern und mehrerer Prüfungen von Lieferantenrechnungen zu. Der Entwurf von Prozessen auf Typebene geschieht im Rahmen der Prozeßplanung, die Organisation der Durchführung auf Ausprägungsebene im Rahmen der Auftragsplanung.

Der Typ eines Unternehmensprozesses läßt sich durch die Angabe von Inputfaktoren, Outputgütern, Funktionen und zugehörigen Synchronisationsvorschriften bestimmen. Typisieren bedeutet somit, eine grundlegende Charakterisierung bzw. eine *Schablone* zu erstellen, nach der sich alle Ausprägungen, die diesem Prozeßtyp folgen, richten. Betrachtet man den *Auftrag* als Ausprägung eines Unternehmensprozesses, so werden für diesen aus den auf Typebene festgelegten *Funktionen* entsprechende *Verrichtungen* abgeleitet. Verrichtungen, die für einen Auftrag auszuführen sind, werden durch *Ereignisse* ausgelöst und abgeschlossen. Startereignis eines mit einem Auftrag verbundenen Prozesses ist die Bestellung bzw. die Auftragserteilung, Zielereignis ist die Auslieferung des Produktes bzw. die Auftragserfüllung. Vor der Bearbeitung des Auftrags wird eine Auftragsplanung durchgeführt. Dabei werden einzusetzende Ressourcen (Input) und zu erstellende Produkte (Output) mengen- und zeitorientiert unter Berücksichtigung von Strukturinformationen festgelegt.

Inputfaktoren bzw. *Ressourcen* werden bei betriebswirtschaftlichen Prozessen auch als *Produktionsfaktoren* bezeichnet. Nach Gutenberg [Gut79] zerfallen diese in Elementarfaktoren und dispositive Faktoren. Zu den Elementarfaktoren werden Werkstoffe (Repetierfaktoren), Arbeitskräfte (Humanfaktoren) und Betriebsmittel (Potentialfaktoren) gezählt. Diese Inputfaktoren werden auf Ausprägungsebene als Ressourcen bezeichnet. Da Arbeitskräfte und Betriebsmittel eine besondere Bedeutung haben, werden sie später auf dieser Ebene auch als *Prozessoren* bezeichnet. Dispositive Faktoren beziehen sich auf das *Prozeßmanagement* und umfassen alle Tätigkeiten zur Planung, Steuerung und Überwachung von Prozessen. In Tabelle 1.-1 sind die beschreibenden Begriffe von Prozeß und Auftrag auf der Typ- und auf der Ausprägungsebene nochmals gegenübergestellt.

Typ	Ausprägung
Unternehmensprozeß	Auftrag
Produktionsfaktoren	Ressourcen
Funktionen	Verrichtungen
Outputgüter	Produkte
Prozeßplanung	Auftragsplanung

Tabelle 1.-1: *Kennzeichnende Beschreibungen von Prozessen*

Funktionen wandeln Input entsprechend gegebener Vorschriften in Output um. Elementare Funktionen im Rahmen eines Unternehmensprozesses sind die *Beschaffung* und die *Vorratshaltung* von Inputfaktoren, die Umwandlung bzw. die *Transformation* von Inputfaktoren in Outputgüter und die Weiterleitung bzw. *Distribution* der Outputgüter an den Ort des Bedarfs. Ein betriebswirtschaftlicher Prozeß mit diesen Basisfunktionen ist in Abbildung 1.-1 dargestellt.

Aufgabe des *Prozeßmanagements* ist die Planung, Steuerung und Überwachung von Unternehmensprozessen und Aufträgen auf strategischer, taktischer und operativer Ebene. Betrachtungsge-

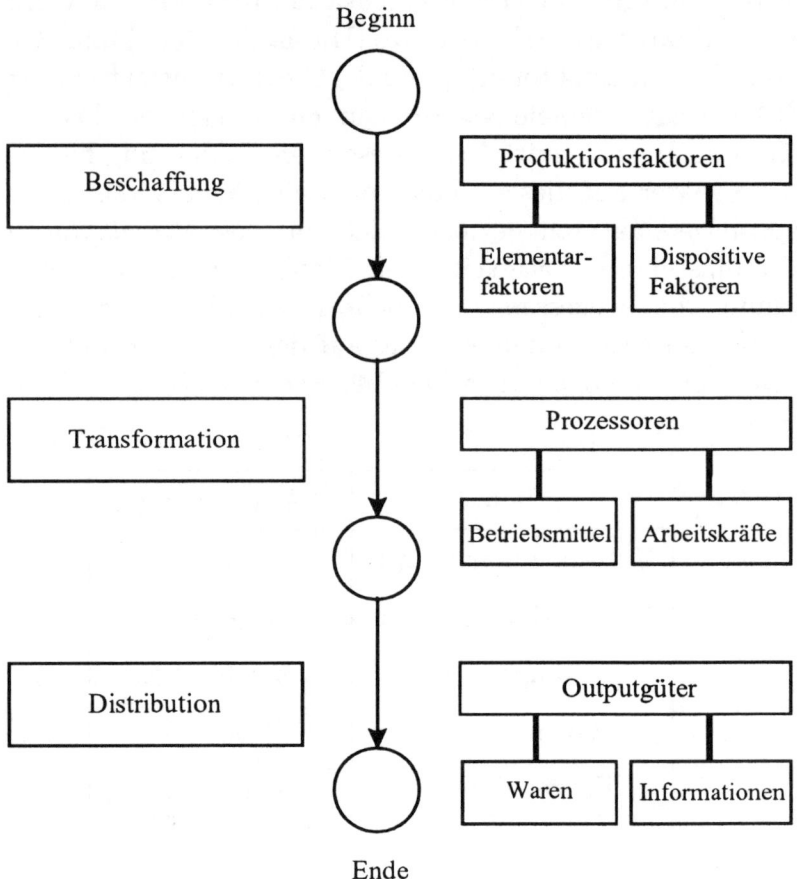

Abbildung 1.-1: *Bestandteile eines Unternehmensprozesses*

genstand der strategischen Ebene ist vorwiegend der Prozeßtyp, Betrachtungsgegenstand der taktischen und operativen Ebene ist die Prozeßausprägung. Im folgenden wird häufig nur noch kurz von Prozeß anstelle von Unternehmensprozeß gesprochen.

Kriterien für die Analyse und Bewertung eines Prozesses basieren auf Formalzielen wie Qualität, Flexibilität, Zeit und Kosten. *Qualität* bezeichnet die Beschaffenheit einer Einheit bezüglich ihrer Eignung, festgelegte und vorausgesetzte Erfordernisse zu erfüllen. Der Qualitätsbegriff umfaßt Eigenschaften, die den Nutzen eines Produktes bestimmen. Die wichtigsten beziehen sich auf die Art, die Menge und den Zustand des Produkts. *Flexibilität* bezeichnet die Fähigkeit eines Systems, sich ändernden Umweltsituationen bestmöglich anzupassen. Wie wichtig das Kriterium *Zeit* für einen Unternehmensprozeß ist, soll das folgende Beispiel verdeutlichen.

Ein Unternehmen benötigt 44 Tage von der Auftragserteilung bis zur Auslieferung der Produkte. Eines Tages droht der wichtigste Kunde, die Geschäftsbeziehungen zu beenden, falls diese Zeitspanne nicht drastisch verkürzt werde. Das Unternehmen analysiert die internen Abläufe und stellt fest, daß an jeder Auftragsabwicklung über vierzig Mitarbeiter aus zwölf Organisationsbereichen verteilt auf fünf verschiedene Standorte beteiligt sind. Nach der Prozeßanalyse werden zwei Verbesserungsvorschläge vorgelegt. Der kostengünstigste Vorschlag liegt bei einer Durchlaufzeit von 32 Tagen; ein anderer Vorschlag mit deutlich höheren Kosten liegt bei 21 Tagen. Der daraufhin informierte Kunde zeigt sich wenig beeindruckt und bemerkt, daß ein Konkurrenzunternehmen innerhalb von 9 Tagen liefern könne.

Um die Vergleichbarkeit verschiedener Bewertungskriterien zu erreichen, bedarf es einer betriebswirtschaftlich abgeleiteten und kompatiblen Meßgröße. So versucht man durch *Kosten*, eine weitgehende Vergleichbarkeit unterschiedlicher Kriterien möglich zu machen. Kosten bezeichnen den Werteverzehr zur Erstellung der Wertschöpfung und repräsentieren den bewerteten Verbrauch von Produktionsfaktoren. Es lassen sich mehrere Kostenarten unterscheiden. Für die Bewertung von Unternehmensprozessen erscheinen die folgenden geeignet:

- Kosten für die Vorbereitung der Transformation (Initialisierungs- bzw. Rüstkosten),

- Kosten der Nutzung von Produktionsfaktoren (Betriebs- und Leerkosten),

- Kosten für nicht bearbeitete Aufträge (Opportunitätskosten),

- Kosten für die Aufbewahrung (Lagerkosten) und

- Kosten für zu frühe oder zu späte Erfüllung (Terminbabweichungskosten).

Die Angabe einer aggregierenden Kostenfunktion und damit die Darstellung des Zusammenhangs der verschiedenen Kostenarten ist schwierig. Beispielhaft soll dies für die mit einer Terminüberschreitung verbundenen Kosten erläutert werden (vgl. [Zap82]). Eine *Terminüberschreitung* tritt auf, wenn ein Auftrag erst nach dem Wunschtermin des Kunden ausgeliefert wird. Neben den verspätet anfallenden Erlösen und den dadurch entgangenen Reinvestitionsmöglichkeiten können durch Terminabweichungen noch andere Kosten entstehen, abhängig von den getroffenen Vereinbarungen:

1. Ein fester Liefertermin ist vereinbart; eine Überschreitung ist nicht zulässig, da der Auftrag bei verspäteter Lieferung für den Kunden wertlos ist.

2. Ein fester Liefertermin ist vereinbart; eine Überschreitung ist mit einer Konventionalstrafe für den Lieferanten verbunden.

3. Ein Liefertermin ist vereinbart; eine Abweichung innerhalb einer vorgegebenen Bandbreite ist erlaubt.

4. Kein Liefertermin ist vereinbart; die Auslieferung wird entsprechend üblicher Fristen erwartet.

Im Fall (1) storniert der Kunde nach Überschreitung des vereinbarten Liefertermins den Auftrag. Läßt sich der Auftrag nicht anderweitig absetzen, umfassen die Kosten der Terminüberschreitung den entgangenen Gewinn und die entstandenen Herstellungskosten. Im Fall (2) entstehen bei Überschreitung des Liefertermins die vertraglich festgelegten Verzugskosten. Bei den letzten beiden Fällen sind die Konsequenzen von Terminüberschreitungen nicht genau abzusehen. In allen Fällen sind grundsätzlich Verluste an Reputation zu beachten. Mit zunehmender Häufigkeit des Terminverzugs erhöht sich die Gefahr, daß der Kunde die Geschäftsverbindungen einschränkt oder sogar abbricht. Der Versuch der Vermeidung von Terminüberschreitungen resultiert häufig in zusätzlichen Kosten. Bei den Arbeitslöhnen sind Überstunden mit Zuschlägen zu entgelten. Die Einführung zusätzlicher Schichten führt auch zu steigenden Fixkosten, aber auch kurzfristiger Fremdbezug kann zu erhöhten Kosten führen.

Wie dieses kleine Beispiel verdeutlicht, ist die Erfassung der mit einem Auftrag verbundenen, entscheidungsrelevanten Kosten sehr schwierig; insbesondere solche Kosten, die Opportunitätsmerkmale aufweisen, sind schwer bestimmbar. Deshalb ist es nicht verwunderlich, daß im operativen Bereich häufig zeitliche Ziele als Surrogate verfolgt werden. Die wichtigsten *Zeitziele* sind auftrags- und kapazitätsbezogen und beziehen sich auf

- das Bearbeitungsende der Aufträge,

- die Durchlaufzeit der Aufträge,

- die Wartezeit der Aufträge,

- die Terminabweichung der Aufträge,

- die Verspätung der Aufträge,

- die Rüstzeit der Prozessoren,

- die Kapazitätsauslastung der Prozessoren und

- die Leerzeiten der Prozessoren.

Das *Bearbeitungsende* bezieht sich auf den Zeitpunkt, zu dem ein Auftrag als abgeschlossen gilt. Die *Durchlaufzeit* entspricht dem zeitlichen Intervall zwischen Freigabe und Abschluß der Bearbeitung eines Auftrags. Sie setzt sich zusammen aus Warte-, Transport-, Rüst-, Transformations- und Kontrollzeiten. Während eine *Terminabweichung* sowohl bei zu frühem als auch zu spätem

Auftragsabschluß vorliegt, bezieht sich die *Verspätung* nur auf die Überschreitung eines vorgegebenen Liefertermins. Die *Rüstzeit* gibt an, wie lange die Initialisierung dauert, bevor mit der Bearbeitung des Auftrags begonnen werden kann. Die *Kapazitätsauslastung* beschreibt das Verhältnis von Nutzungszeit und Bereitstellungszeit der Prozessoren. Die Differenz von Bereitstellungszeit und Nutzungszeit ist die *Leerzeit*.

Es ist bekannt, daß zwischen den obigen Zielen die folgenden Beziehungen bestehen [RK76]. Dabei wird angenommen, daß alle Aufträge zum gleichen Zeitpunkt für die Bearbeitung zur Verfügung stehen.

1. Die Ziele "Minimierung der maximalen Durchlaufzeit", "Minimierung der Leerzeiten" und "Maximierung der Kapazitätsauslastung" sind äquivalent.

2. Die Ziele "Minimierung der mittleren Durchlaufzeit" und "Minimierung der Wartezeiten" sind äquivalent.

Ein Prozeß ist eingebettet in aufbau- und ablauforganisatorische Rahmenbedingungen [Gai83] und erfordert eine Reihenfolge- und eine Zuordnungsplanung zur Erreichung obiger Ziele. Sowohl auf Typ- als auch auf Ausprägungsebene führt diese Aufgabenstellung zur Formulierung von *Ablaufplanungsproblemen*. Auf Typebene entstehen solche Probleme bei der Zuordnung von Prozessen zu Produktionsfaktoren im Rahmen der Prozeßplanung und auf Ausprägungsebene bei der Koordinierung von Aufträgen, die um Prozessoren konkurrieren, im Rahmen der Auftragsplanung.

Zeit- und Kostenziele stehen in einem direkten Zusammenhang, da sich die entscheidungsrelevanten Kosten aus der monetären Bewertung der Zeitgrößen ergeben. In Abbildung 1.-2 sind zwei unterschiedliche Ablaufpläne für die gleichen Aufträge und Prozessoren dargestellt. In Tabelle 1.-2 sind die dargestellten Informationen nochmals aus zeitlicher Sicht zusammengefaßt. Dabei sei angenommen, daß die Endtermine $(5, 4, 5, 3, 7, 6, 9, 12)$ zu berücksichtigen sind.

Plan A

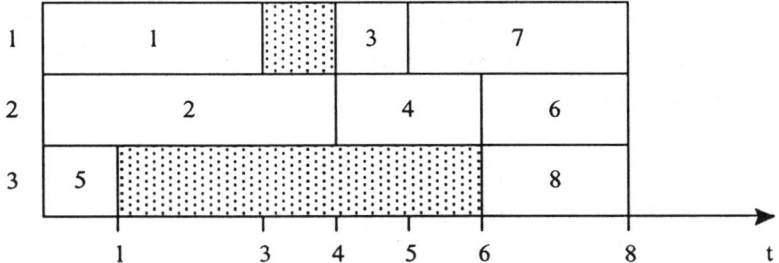

Plan B

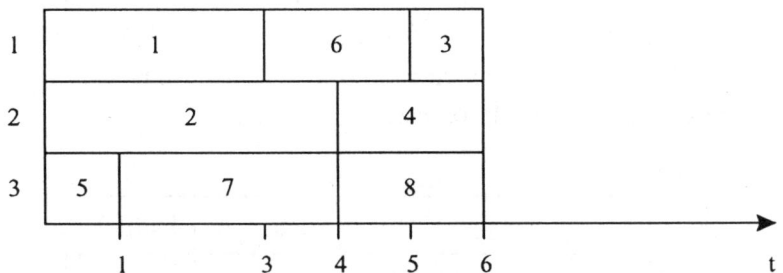

Abbildung 1.-2: *Zwei unterschiedliche Ablaufpläne*

	Plan A	Plan B
Durchlaufzeit	[3,4,5,6,1,8,8,8]	[3,4,6,6,1,5,4,6]
Wartezeit	[0,0,4,4,0,6,5,6]	[0,0,5,4,0,3,1,4]
Verspätung	[0,0,0,3,0,2,0,0]	[0,0,1,3,0,0,0,0]
Leerzeiten	[1,0,5]	[0,0,0]

Tabelle 1.-2: *Unterschiedliche Zeitgrößen*

Um die resultierenden Gesamtkosten der einzelnen Pläne zu bestimmen, müssen *Kostenfunktionen* wenigstens näherungsweise angegeben werden. Beispielsweise haben Prozessoren verschiedene Betriebskostensätze; Aufträge haben unterschiedliche Lagerhaltungskostensätze oder, wie schon erwähnt, auch die Überschreitung von Lieferterminen kann unterschiedliche Auswirkungen auf die Kosten haben.

Ist die Vorschrift zur Ermittlung der Kostenfunktionen bekannt, so kann jeder Ablaufplan ausgewertet, und die entsprechenden Gesamtkosten können bestimmt werden. Für das in Abbildung 1.-2 und Tabelle 1.-2 dargestellte Beispiel soll ein einfacher proportionaler Zusammenhang zwischen Zeitgrößen und resultierenden Kosten angenommen werden. Damit ergeben sich die in Tabelle 1.-3 dargestellten Kosten für die beiden Pläne. Wie man sieht, besteht im Vergleich der beiden Pläne ein Einsparungspotential von ungefähr 41 Prozent.

	Plan A	Plan B
Kosten der Durchlaufzeit	43	35
Kosten der Wartezeit	25	17
Verspätungskosten	5	4
Leerkosten	6	0
Gesamtkosten	79	56

Tabelle 1.-3: *Unterschiedliche Kosten*

Verschiedene Pläne resultieren in unterschiedlichen Gesamtkosten; bei gleichen Gesamtkosten unterscheiden sie sich bezüglich der Höhe einzelner Kostenarten. Mit Hilfe entsprechender Analysen kann man Anhaltspunkte für Entscheidungen des Prozeßmanagements für die Planung, Steuerung und Überwachung von Abläufen gewinnen.

In diesem Kapitel wird zunächst auf verschiedene Arten von

Prozessen eingegangen. Dann werden die Aufgaben des Prozeßmanagements aus entscheidungsorientierter Sicht analysiert, und
schließlich werden einige Techniken zur Modellierung von Prozessen vorgestellt.

1.1 Prozeßarten

Prozesse können verschiedenen *Prozeßarten* zugeordnet werden.
Prozeßarten sollen nach Objekt, Wiederholungsgrad, Struktur
und Synchronisationsvorschrift klassifiziert werden. Dem *Objekt*
nach sollen Waren- und Informationsprozesse unterschieden werden. *Warenprozesse* transformieren Materialien in materielle Güter, und *Informationsprozesse* transformieren Daten in Informationen. Waren oder Informationen als Output der Stufe s eines
Prozesses können Materialien oder Daten als Input für die Stufe $s + 1$ darstellen. Die Transformation von Materialien in Waren soll als *Fertigung* bezeichnet werden; werden Daten in Informationen umgewandelt, sprechen wir von *Verarbeitung*. Umgekehrt wird Fertigung und Verarbeitung verallgemeinernd mit
Transformation bezeichnet. Jeder auf materielle Güter gerichtete Warenprozeß wird durch den entsprechenden, auf immaterielle Güter ausgerichteten Informationsprozeß gespiegelt; umgekehrt
existiert nicht zu jedem Informationsprozeß ein entsprechender
Warenprozeß. So umfaßt beispielsweise ein Warenprozeß die Funktionen Rohstoffgewinnung, Veredelung, Fertigung, Wartung und
Recycling, während ein Informationsprozeß aus Bestellung, Rech-
nungseingang, Rechnungsprüfung und Rechnungsausgleich oder
Reklamation bestehen kann. Viele Prozesse sind gemischte Lei-
stungsprozesse. Beispielsweise folgt auf die Bestellung der Wareneingang mit Lieferprüfung und Warenannahme bzw. Rückgabe.

Der *Wiederholungsgrad* charakterisiert die Häufigkeit der Pro-
zeßausführung. Man unterscheidet zwischen ein- und mehrmaliger
Ausführung. Tritt ein Prozeß nur einmal auf, bedeutet dies, daß
nur ein einziger Auftrag ausgeführt wird, der diesem Prozeßtyp
folgt. Beispiele für nur einmalige Prozeßdurchführung lassen sich

im Hochbau, im Anlagenbau, im Schiffsbau oder bei der Softwareentwicklung finden. Solche Prozesse werden manchmal auch als Projekte bezeichnet. Die Abwicklung von einmaligen Prozessen ist gekennzeichnet durch eine schwierige Prozeßplanung und hohe Anforderungen an die Flexibilität der Produktionsfaktoren. Tritt ein Prozeß mehr als einmal auf, bedeutet dies, daß mehrere Aufträge nach den Vorschriften dieses Prozeßtyps durchgeführt werden. Bei Warenprozessen spricht man in diesem Zusammenhang auch von Massen-, Serien- und Sortenfertigung. Bei der *Massenfertigung* wird ein gleiches Produkt in unbegrenzter Anzahl hergestellt. Beispiele sind die Zementproduktion, die Antragsbearbeitung, Buchungen oder Produkte in der chemischen Industrie. Bei der *Serien-* und *Sortenfertigung* werden ähnliche Produkte in begrenzter Auflage hergestellt. Die Prozessoren werden für jede Serie neu eingerüstet; im Falle von Sorten werden die Prozessoren mit der gleichen Einrüstung für alle Sorten gefahren. Beispiele dieser Prozeßarten finden sich im Automobilbau, bei Kreditgeschäften oder bei der Weinherstellung.

Die *Struktur* eines Prozesses beschreibt den Zusammenhang zwischen seinem Input und seinem Output. Man unterscheidet eine analytische und eine synthetische Prozeßstruktur. Eine analytische Struktur liegt vor, wenn aus wenigen Inputfaktoren viele Outputgüter entstehen. Beispiele finden sich im Bereich der Chemie. Eine Struktur heißt synthetisch, wenn aus vielen Inputfaktoren wenige Outputgüter entstehen. Beispiele finden sich im Anlagenbau und im Gerichtswesen.

Die *Synchronisationsvorschrift* eines Prozesses charakterisiert seinen Ablauf in bezug auf die Prozessoren. Man unterscheidet Objekt-, Funktions- und Zentrenprinzip. Das *Objektprinzip* (Fließprinzip, Flow Shop) stellt auf eine hohe Prozeßwiederholung und wenige unterschiedliche Prozeßtypen ab. Dazu werden die Aufträge so in Verrichtungen zerlegt, daß die verschiedenen Stufen des Prozesses bzw. die dort angesiedelten Prozessoren von jedem Auftrag in der gleichen Reihenfolge durchlaufen werden. Ist der sich ergebende Fluß getaktet, so spricht man bei Warenprozessen von Fließband- oder Transferstraßenfertigung; ist keine Taktung vorgesehen, so handelt es sich bei Warenprozessen um Reihenfertigung und bei Informationsprozessen um eine serielle Workflow-Verarbeitung. Voraussetzung für eine Prozeßorganisation nach dem Objektprinzip sind lang- bis mittelfristig stabile Prozeßausprägungen. Als Vorteile des Objektprinzips werden häufig kurze Durchlaufzeiten, hohe Auslastung der Prozessoren, geringe Bestandsführung, wenige Transportvorgänge und gute Überschaubarkeit genannt. Einer der Nachteile liegt in der mangelnden Flexibilität. Eine starre Verkettung ist störanfällig und empfindlich gegenüber Nachfrageschwankungen.

Das *Funktionsprinzip* (Werkstattprinzip, Job Shop) stellt auf eine geringe Prozeßwiederholung und viele unterschiedliche Prozeßtypen ab. Die Reihenfolge, in der die Prozessoren von einem Auftrag durchlaufen werden, ist beliebig. Die Prozessoren sind funktionsorientiert organisiert. Die Vorteile des Funktionsprinzips bestehen in der vergleichsweise hohen Flexibilität; Nachteile sind möglicherweise lange Durchlaufzeiten der Aufträge, geringe Kapazitätsauslastung, hohe Bestände, viele Transportvorgänge und schwere Überschaubarkeit.

Beim *Zentrenprinzip* werden Prozessoren zu Gruppen zusammengefaßt, die entweder als *Pools* oder als *Zellen* konfiguriert sind; innerhalb einer Gruppe kann ergänzend (Pool), ersetzend (Zelle) oder in Mischformen produziert werden. Ziel des Zentrenprinzips ist es, die Vorteile von Objekt- und Funktionsprinzip unter weitgehender Vermeidung der Nachteile miteinander zu verbinden. Eine Ausprägung des Zentrenprinzips sind flexible Arbeitssysteme. Dies sind automatisierte, integrierte Systeme von Prozessoren, die für ein breites Spektrum verschiedener Aufträge wirtschaftlich betrieben werden können. Bei Warenprozessen bezeichnet man solche Einrichtungen als flexible Fertigungssysteme [TK93], bei Informationsprozessen übernehmen diese Aufgaben integrierte Informations- und Kommunikationssysteme. In Tabelle 1.1.-1 sind die Elemente von flexiblen Fertigungssystemen (FFS) und integrierten Informations- und Kommunikationssystemen (IKS) gegenübergestellt.

FFS	IKS
CNC-Maschinen	Computer
Werkzeugbestückung	Anwendungssoftware
Materialführung	Kommunikationssoftware
Lagereinrichtungen	Datenbanken
Ablaufsteuerungssystem	Betriebssystem

Tabelle 1.1.-1: *Komponenten von FFS und IKS*

In Abbildung 1.1.-1 sind ein flexibles Arbeitssystem (FAS) und seine Elemente dargestellt. Die elementare Einheit ist das Modul. Mehrere FA-Module werden zu einer Gruppe zusammengefaßt, und mehrere Gruppen bilden ein System. Je nach Konfiguration weisen flexible Arbeitssysteme unterschiedliche Flexibilitäten auf. Eine gängige Einteilung unterscheidet die folgenden *Flexibilitätsmaße*:

- Prozessorflexibilität bezeichnet die Möglichkeiten, auf wechselnde Anforderungen der Transformation zu reagieren.

- Prozeßflexibilität ist ein Maß für das Spektrum von Aufträgen, die sich simultan im System befinden können.

- Produktflexibilität steht für den Aufwand der Initialisierung des Gesamtsystems.

- Routenflexibilität bezeichnet die Reaktionsmöglichkeiten des Systems bei Störungen.

- Volumenflexibilität steht für die Wirtschaftlichkeit, das System mit verschiedenen Auftragsgrößen bzw. unterschiedlicher Anzahl von Aufträgen zu betreiben.

FA-Modul

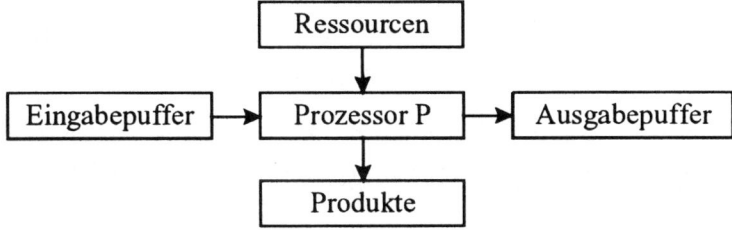

FA-Gruppe

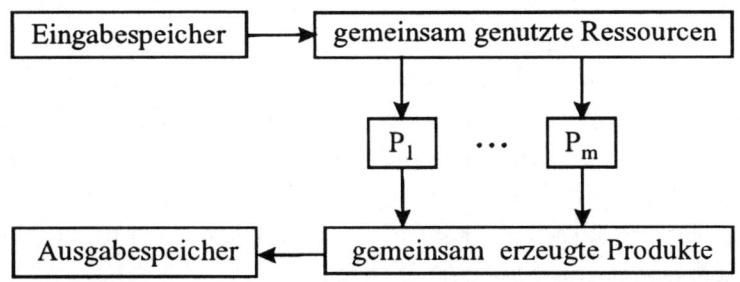

FA-System

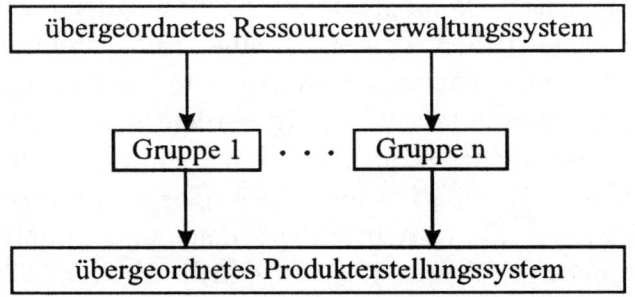

Abbildung 1.1.-1: *Aufbau eines FAS*

- Erweiterungsflexibilität zielt auf die Ausbaumöglichkeiten des Systems.

- Betriebsflexibilität bezieht sich auf die Möglichkeit, Planungsentscheidungen so lange wie möglich offen zu halten.

- Produktionsflexibilität steht für das Spektrum von Aufträgen, die mit dem System vollständig bearbeitbar sind.

- Systemflexibilität ist eine Funktion der beschriebenen einzelnen Flexibilitätsaspekte.

Prozesse, die nach dem Funktionsprinzip durchgeführt werden und deren Prozeßorganisation dem Pooling folgt, weisen eine größere Routen- und Betriebsflexibilität auf als Prozesse, die dem Objektprinzip oder der Zellenbildung folgen. Eine weitere Beobachtung ist, daß die Prozessor-, Prozeß- und Produktflexibilität durch Ressourcenzuführung in einem laufenden System gesteigert werden kann. Die Existenz von Zwischenlagern bzw. Speichern erhöht die Flexibilität insgesamt und darüber hinaus auch die Zuverlässigkeit des Systems [Sch89].

1.2   Entscheidungsebenen

Grundlagen der Planung, Steuerung und Überwachung von betriebswirtschaftlichen Prozessen sind *Entscheidungen*, die sich durch Detaillierungsgrad, Fristigkeit und organisatorische Ebene charakterisieren lassen. Häufig werden die Entscheidungen des Prozeßmanagements sequentiell durch hierarchische Ansätze im Rahmen von *Aggregation* und *Dekomposition* erarbeitet [Sch89]. Da alle Entscheidungen interdependent sind, müßte eine simultane Planung erfolgen. Dies ist jedoch schon aus Gründen der Datenbeschaffung und der benötigten Rechenzeit nicht möglich. Je tiefer man nach unten in der Entscheidungshierarchie gelangt, desto kürzer wird die *Fristigkeit*, desto größer wird der *Detaillierungsgrad* der vorliegenden Daten und desto niedriger wird die *organisatorische Ebene*. Entscheidungen auf höheren Ebenen bilden Nebenbedingungen für die tieferen, während Ergebnisse tieferer

Ebenen Rückkopplungen zu höheren auslösen.

Auf jeder Ebene s einer *hierarchischen* Planung werden Entscheidungen, die auf der Ebene $s-1$ auf aggregiertem Niveau getroffen wurden, als Rahmenbedingungen für s übernommen und durch entsprechende Dekompositionsprozesse in detaillierte Restriktionen für die Ebene $s+1$ verwandelt, bis man auf der untersten Ebene der Hierarchie angelangt ist. Das gesamte Vorgehen erfolgt in Form einer Schleife, die Rückmeldungen über die Qualität der Entscheidungen auf höheren Ebenen im Hinblick auf die Ergebnisse tieferer Ebenen bereitstellt. Es wird so lange iteriert, bis ein möglichst gutes bzw. zufriedenstellendes Ergebnis gefunden wurde. Es ist klar, daß ein solches hierarchisches Vorgehen zur Entscheidungsfindung im allgemeinen Fall nur suboptimal sein kann.

Die Anzahl der zu berücksichtigenden organisatorischen Ebenen hängt von der jeweiligen Problemstellung ab, jedoch läßt sich eine grobe Unterteilung in eine *strategische*, eine *taktische* und eine *operative* Ebene vornehmen. Taktische und operative Ebene werden häufig auch zur *dispositiven* Ebene zusammengefaßt. Die Entscheidungen des Prozeßmanagements auf strategischer Ebene umfassen die, die auf *Typebene* zu treffen sind, und werden mit *Prozeßplanung* charakterisiert. Auf *Ausprägungsebene* sind dispositive Entscheidungen zu treffen, die mit *Auftragsplanung* überschrieben sind. Der Zusammenhang von Aggregationsgrad, Fristigkeit, organisatorischer Ebene und Aufgaben der Entscheidungsfindung ist in Abbildung 1.2.-1 dargestellt.

Strategische Entscheidungen beziehen sich auf die Vorgabe globaler Rahmenbedingungen und zielen auf Produkt-, Prozeß- und Systementwurf. Sie umfassen unter anderem die Festlegung des Produktionsprogramms, die langfristige Bereitstellung der benötigten Produktionsfaktoren und Überlegungen zu ihrem wirtschaftlichen Einsatz. Die dispositiven Entscheidungen befassen sich mit allen planerischen Tätigkeiten zur termin-, qualitäts- und kostengerechten Gestaltung der Auftragsbearbeitung. Auf

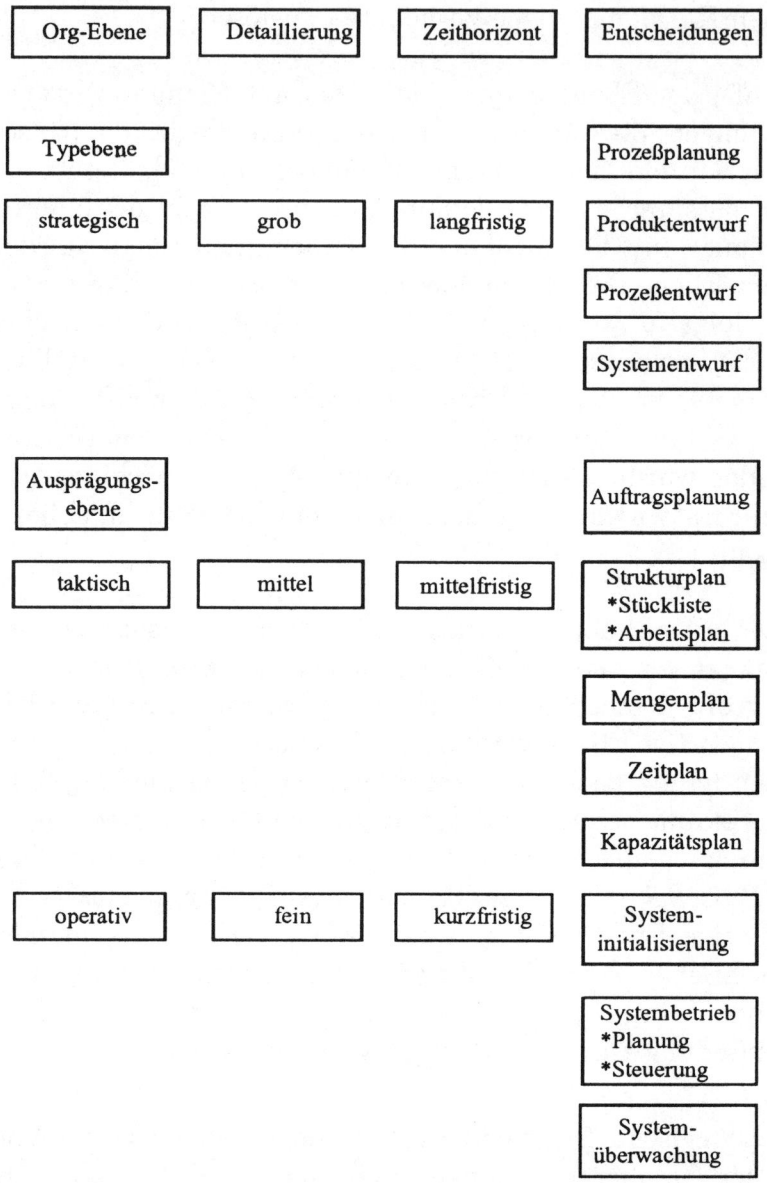

Abbildung 1.2.-1: *Aufgaben des Prozeßmanagements*

der taktischen Ebene werden mittelfristig die Produktstruktur, die zu berücksichtigenden Mengen sowie Termine und benötigte Ressourcen für die Ausführung grob festgelegt. Das Ergeb-

nis enthält Entscheidungsspielräume für die operative Ebene. Die
Schnittstelle von taktischer und operativer Ebene bildet das Ereignis der *Auftragsfreigabe*. Dies tritt im allgemeinen dann ein,
wenn die Bearbeitung eines Auftrags aus zeitlicher und kapazitativer Sicht begonnen werden kann. Auf operativer Ebene wird
im Detail über die Nutzung der vorhandenen Prozessoren und
zusätzlicher Ressourcen entschieden. Dazu gehören die Initialisierung, d.h. die Einrichtung der Arbeitssysteme, der Systembetrieb
mit der detaillierten zeitlichen Zuordnung der Verrichtungen eines Auftrags zu den benötigten Prozessoren und die Überwachung
der Auftragsbearbeitung. Die Aufgaben des Prozeßmanagements
erstrecken sich somit über ein weites Spektrum von der Beteili-
gung bei Entwurfsentscheidungen im Rahmen der Prozeßplanung
bis hin zur Organisation des Systembetriebs als Teil der Auftragsplanung.

Praktische Planungsansätze müssen ein dynamisches und von
nicht vorhersehbaren Entwicklungen geprägtes Umfeld berücksichtigen. Die meisten Entscheidungen können aus wirtschaftlichen und technologischen Gründen nicht erst dann getroffen werden, wenn alle benötigten Informationen vollständig vorliegen.
Dies gilt insbesondere für strategische Entscheidungen auf der
Typebene. Aber auch dispositive Entscheidungen auf der Ausprägungsebene sollten in ihrer grundlegenden Form einerseits vor-
ausschauend getroffen werden, andererseits müssen Anpassungsmaßnahmen beim Auftreten von nicht vorhersagbaren Ereignissen möglich sein. In einer solchen Situation kommt der Steuerung
und Überwachung eine besondere Bedeutung zu. Daher erfolgt
auf operativer Ebene eine Trennung von *off-line Planung* (OFP)
und *on-line Steuerung* (ONS). Dabei sollte die OFP wegen ihres
übergreifenden Charakters auf Betriebsebene und die ONS aus
Gründen der Datenbereitstellung auf Arbeitssystemebene durchgeführt werden. Die Abstimmung zwischen OFP und ONS erfolgt
entsprechend eines *Regelkreises* wie er in Abbildung 1.2.-2 dargestellt ist.

Die durch die OFP vorgegebene und zu realisierende Zieler-

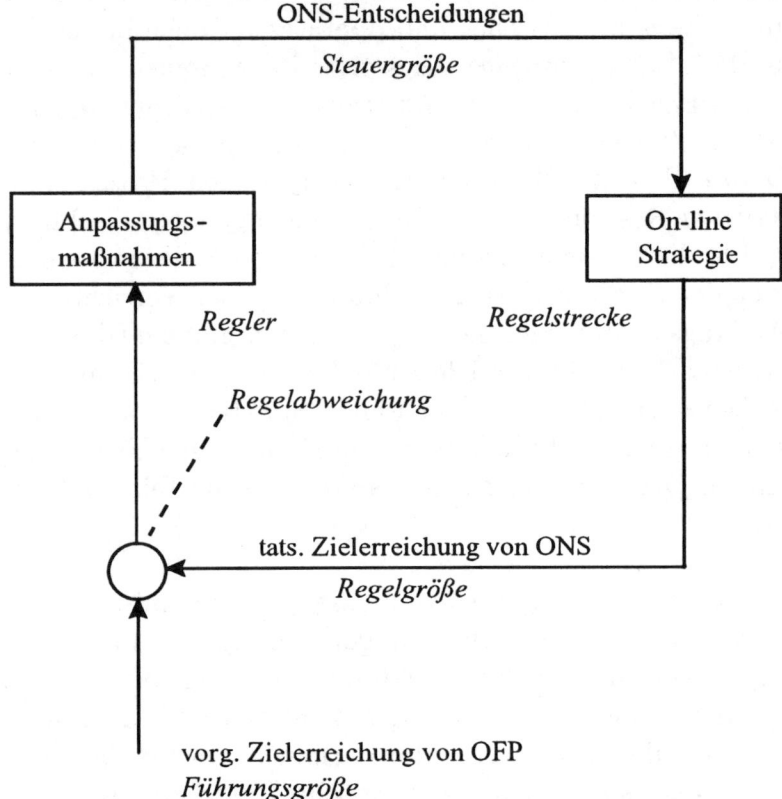

ONS-Entscheidungen
Steuergröße

Anpassungs-
maßnahmen

On-line
Strategie

Regler   *Regelstrecke*

Regelabweichung

tats. Zielerreichung von ONS
Regelgröße

vorg. Zielerreichung von OFP
Führungsgröße

Abbildung 1.2.-2: *Regelkreis zur Integration von OFP und ONS*

reichung repräsentiert die *Führungsgröße* des Regelkreises. Diese
wird verglichen mit der aktuellen Zielerreichung der ONS, die die
Regelgröße repräsentiert. Ergibt sich ein signifikanter Unterschied
zwischen Führungs- und Regelgröße, so liegt eine *Regelabweichung*
vor, auf die der *Regler* durch Anpassungsmaßnahmen zu reagieren
hat. Diese resultieren in einer *Steuergröße*, die den Steuerungsentscheidungen der ONS entspricht und die auf die *Regelstrecke* wir-
ken. Die Regelstrecke ist in diesem Fall die jeweils aktuelle on-line
Strategie.

Die Durchführung der operativen Auftragsplanung dient als
Beispiel einer zeitlichen und funktionalen Hierarchisierung der

Entscheidungsfindung und ist in Abbildung 1.2.-3 nochmals detailliert dargestellt. Die *zeitliche* Hierarchisierung bezieht sich auf off-line Planung und on-line Steuerung. Die Systeminitialisierung ist Bestandteil der OFP, und die Systemüberwachung ist Bestandteil der ONS. Der Systembetrieb nimmt eine Sonderstellung ein, da er sowohl Gegenstand der OFP als auch der ONS ist. Die *funktionale* Hierarchisierung zergliedert die einzelnen Bereiche in weitere Teilaufgaben, die später noch genauer beschrieben werden.

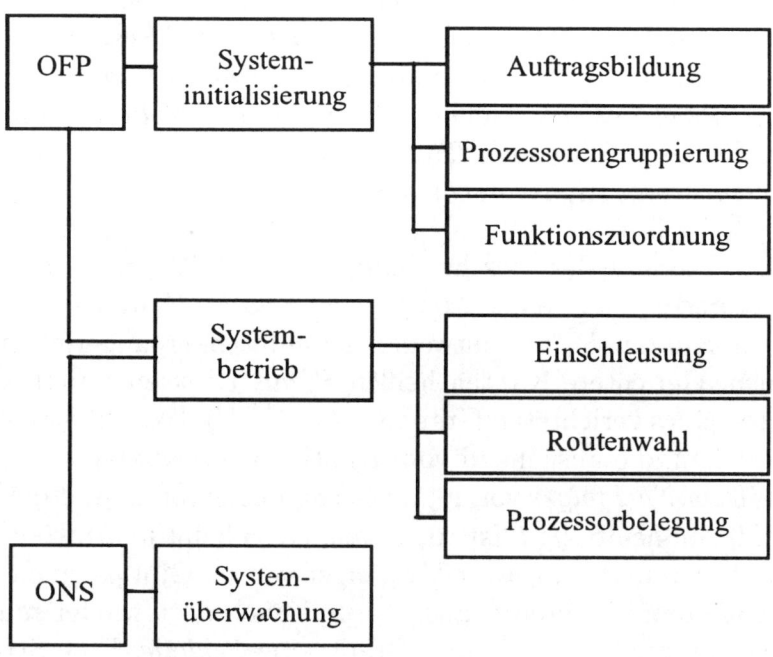

Abbildung 1.2.-3: *Hierarchisierung der Auftragsplanung*

Um in einem hierarchischen Konzept die auf den unteren Ebenen auftretenden Probleme so überschaubar wie möglich zu halten, wird oft vorgeschlagen, möglichst viele Entscheidungen der ONS schon im Rahmen der OFP vorwegzunehmen. Es ist aber immer vorteilhaft für das Steuerungsergebnis, möglichst viele Alternativen auf jeder Ebene offenzuhalten, alle verfügbaren Informationen zu berücksichtigen und sie auch genau zu bewerten, d.h.

die vorhandene Flexibilität wirklich zu nutzen. Auf der anderen
Seite erhöht dies auch die Komplexität der Probleme und damit
den erforderlichen Lösungsaufwand.

1.3   Prozeßmodellierung

Zur Repräsentation der vom Prozeßmanagement zu lösenden *Probleme* bedarf es geeigneter *Modelle*. Diese werden mit *Beschreibungssprachen* erstellt. Entsprechend der in [Sch96a] vorgestellten
Architektur LISA sind verschiedene *Sichten* auf Systeme und die
damit verbundenen Prozesse abzubilden. Die wichtigsten sind die
der *Struktur*, des materiellen und immateriellen *Inputs* und *Outputs*, der auszuführenden *Transformationen* und der grundlegenden *Synchronisationsvorschriften*.

Die Basis vieler Beschreibungssprachen ist ein Graph. Ein
Graph besteht aus einer Menge von *Knoten V* und einer Menge von *Kanten E*, die entweder gerichtet oder ungerichtet sein
können. Gerichtete Kanten heißen *Pfeile*. Es seien v und w zwei
Knoten eines gerichteten Graphen $G = (V, E)$. Existiert eine Folge
von Pfeilen, die ausgehend vom Knoten v den Knoten w erreicht,
so heißt w *Nachfolger* von v und v *Vorgänger* von w und die Folge
von Pfeilen heißt *Pfad*. Ist (v, w) aus E, so heißt w *direkter* Nachfolger von v und v *direkter* Vorgänger von w. Gibt es einen Pfad,
der von einem Knoten v ausgeht und auch dort wieder mündet,
so enthält der entsprechende Graph eine *Schleife*. Eine Struktur
eines Graphen wird durch seine Knotennumerierung spezifiziert.
Existieren neben den Knotennummern noch andere numerische
Markierungen, so heißt der Graph *bewertet*; existieren symbolische Markierungen, so heißt er *beschriftet*. Häufig sind Graphen
sowohl bewertet als auch beschriftet.

Für die Prozeßmodellierung gibt es unterschiedliche Möglichkeiten, die Zusammenhänge durch Knoten oder Kanten zu repräsentieren. Aus ablauforientierter Sicht müssen Transformationen und ihre Synchronisation abgebildet werden. Diese kann man pfeil- oder knotenorientiert darstellen. Wählt man eine knotenorientierte Repräsentation, so werden Transformationen durch Knoten und Synchronisationen durch Pfeile beschrieben; wählt man eine pfeilorientierte Repräsentation, so ist es umgekehrt. Manchmal ist die eine Darstellungsform sinnvoller, manchmal die andere.

Zur Darstellung der *Struktur* benutzt man einen speziellen Graphen, der als Baum bezeichnet wird. Ein *Baum* hat die Eigenschaften, daß es einen Knoten gibt, der keine Vorgänger hat, die Wurzel, und es mehrere Knoten gibt, die keine Nachfolger haben, die Blätter. Für jeden anderen Knoten des Baumes gilt, daß er mehrere direkte Nachfolger haben kann aber nur einen direkten Vorgänger. Mit einem Baum kann man beispielsweise den Aufbau von Organisationen abbilden. In diesem Fall heißt der Baum *Organigramm*. Knoten repräsentieren Organisationseinheiten, und für jedes Knotenpaar (v, w) ist eine Relation definiert, die sich auf unterschiedliche Eigenschaften beziehen kann. Beispielsweise können so Weisungs-, Berichts-, Delegations- oder Zerlegungsbeziehungen abgebildet werden. Mit dem in Abbildung 1.3.-1 dargestellten Baum kann beschrieben werden, daß die Organisationseinheit z solche Beziehungen zu Organisationseinheiten x und y hat und x wiederum solche Beziehungen zu s und t hat. Umgekehrt haben x und y Beziehungen zu z sowie s und t zu x.

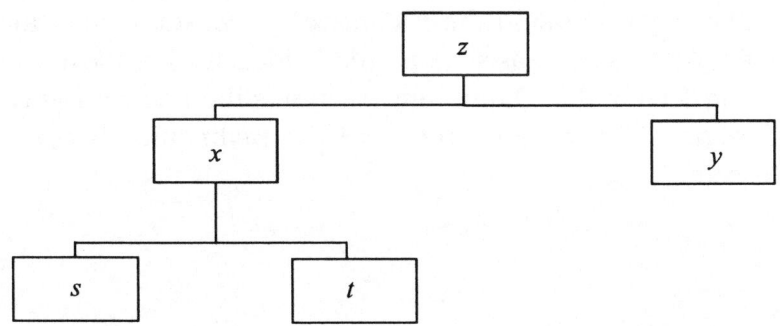

Abbildung 1.3.-1: *Baum zur Darstellung der Aufbauorganisation*

Zur Darstellung der *Transformationssicht* benutzt man beschriftete Graphen, die als *Transformationsdiagramme* bezeichnet werden. Sie setzen den Input in Form von materiellen Ressourcen oder Daten und den Output in Form von materiellen oder immateriellen Ergebnissen in Beziehung. Ergänzt wird die Darstellung um die die Transformation spezifizierende Umwandlungsvorschrift. Transformationen werden durch Knoten repräsentiert, die mit der Umwandlungsvorschrift markiert sind. Pfeile repräsentieren Ressourcen und Produkte oder Input- und Outputdaten. In Abbildung 1.3.-2 sind die Elemente von Transformationsdiagrammen dargestellt.

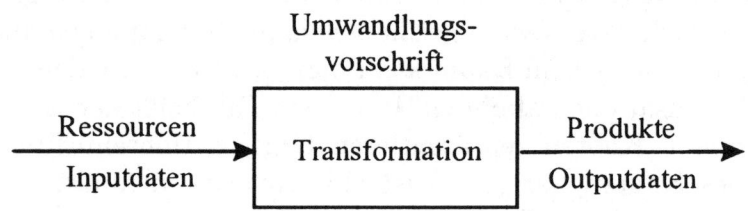

Abbildung 1.3.-2: *Elemente von Transformationsdiagrammen*

Die grundlegenden *Synchronisationsvorschriften* lassen sich durch *Zustandsdiagramme* repräsentieren. Dies sind Graphen, bei denen Knoten Zustände bzw. Transformationen und Pfeile Ereignisse und Bedingungen für Zustandsübergänge repräsentieren. In Abbildung 1.3.-3 sind die Elemente von Zustandsdiagrammen abgebildet. Dabei repräsentieren die beiden Knoten v und w verschiedene Zustände. Damit ein Zustandsübergang erfolgt, muß das Ereignis $E(v, w)$ eintreten, und die Bedingung $B(v, w)$ muß erfüllt sein.

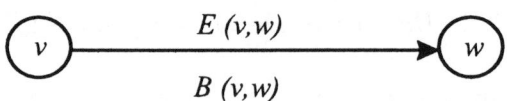

Abbildung 1.3.-3: *Elemente von Zustandsdiagrammen*

Durch *objektorientierte* Sprachen wird versucht, mehrere Sichten in einem Modell darzustellen. Eine dieser Sprachen, die im folgenden mit objektorientierte Analyse bzw. OOA bezeichnet wird, benutzt eine Syntax, die in [CY91] beschrieben ist. Sie verknüpft die Sichten auf die *Struktur*, die *Transformationen* und die *Daten*. Der der OOA zugrunde liegende Graph beinhaltet Elemente von Bäumen, von Transformationsdiagrammen und von Entity Relationship Darstellungen (vgl. [Sch96a]), wie sie in der Datenmodellierung benutzt werden. Die wesentlichen Elemente von OOA-Diagrammen sind in Abbildung 1.3.-4 dargestellt. *Attribute* repräsentieren Daten, *Methoden* repräsentieren Transformationen bzw. Funktionen, Assoziationen repräsentieren allgemeine *Beziehungen* und "part_of" und "is_a" sind vordefinierte Beziehungen. Botschaften können als Datenflüsse bzw. Transporte interpretiert werden.

Eine *ablauforientierte* Sprache ist Generalized Process Networks (GPN) [Sch96b]. Ein GPN kann knoten- oder pfeilorientiert erstellt werden. Der gerichtete Graph $G = (V, E)$ wird um geeignete Knoten- und Pfeilmarkierungen erweitert, mit denen Transformationen bzw. Funktionen und Synchronisationsvorschriften weiter spezifiziert werden. Für jede Transformation werden Input- und Outputmarkierungen eingeführt. Die Inputmarkierung umfaßt das Tripel (*Kunde, Ressourcen, Inputdaten*) und die Outputmarkierung das Tripel (*Produzent, Produkt, Outputdaten*). Für jedes Ereignis, das den Beginn bzw. den Abschluß von Transformationen spezifiziert, werden zusätzliche Bedingungen repräsentiert.

Auf Ausprägungsebene wird die Sicht auf die *Struktur* durch die *Produzent-Kunde*-Beziehung, die Sicht auf die *materiellen Güter* durch die *Ressourcen-Produkte*-Beziehung und die Sicht auf die *immateriellen Güter* durch die *Inputdaten-Outputdaten*-Beziehung repräsentiert; die Transformations- und die Synchronisationssicht werden je nach Darstellungsform pfeil- oder knotenorientiert abgebildet. Der Graph bildet das Skelett des Modells; zusätzliche Pfeil- und Knotenmarkierungen werden auf Bedarf angegeben. In

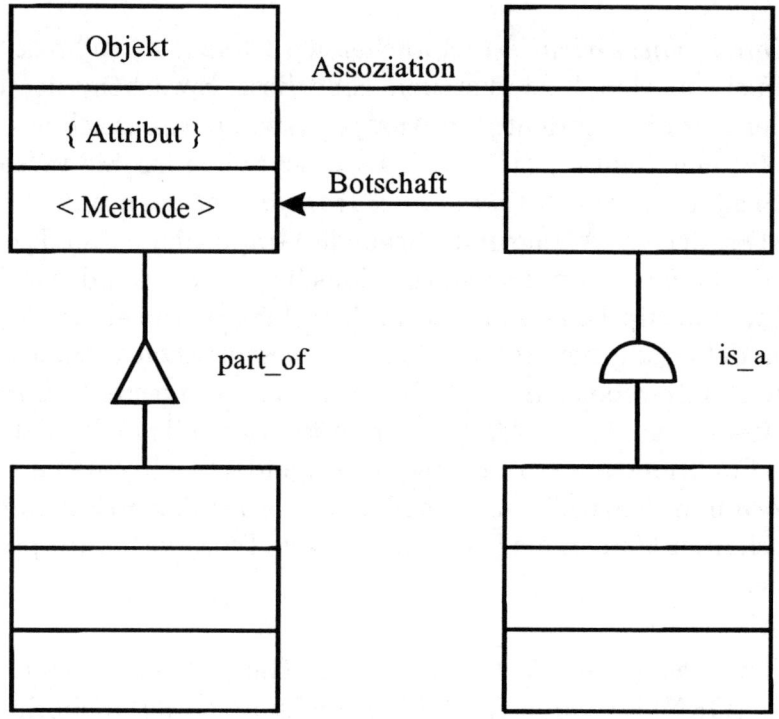

Abbildung 1.3.-4: *Elemente von OOA-Diagrammen*

Tabelle 1.3.-1 sind nochmals die sechs Schichten von GPN dargestellt.

6	Organisation	Produzent, Kunde
5	Materielle Güter	Ressourcen, Produkte
4	Immaterielle Güter	Inputdaten, Outputdaten
3	Synchronisation	Ereignisse, Bedingungen
2	Transformation	Verrichtungen
1	Graph	Knoten, Pfeile, Bewertungen

Tabelle 1.3.-1: *Schichten von GPN*

Die Darstellung eines Unternehmensprozesses kann entsprechend *strukturorientierter* oder *ablauforientierter* Modellierung auf der Basis von OOA oder GPN erfolgen. Wenn im folgenden eine ablauforientierte Darstellung gewählt wird, dann wird in den meisten Fällen nur der Graph $G = (V, E)$ zur Repräsentation von Transformationen und Synchronisationsvorschriften konstruiert, da dieser für die hier verfolgten Zwecke ausreichend ist.

Kapitel 2

Planung von Unternehmensprozessen

Die Aufgaben des Prozeßmanagements beziehen sich neben Steuerungs- und Überwachungsaktivitäten auf die Planung von Prozessen auf der Typ- und von Aufträgen auf der Ausprägungsebene. Auf der *Typebene* stehen generische *Funktionen* und deren Interaktion im Mittelpunkt des Interesses; auf der *Ausprägungsebene* werden korrespondierende *Verrichtungen* betrachtet, die zur Durchführung von vorliegenden *Aufträgen* ausgeführt werden müssen. Basisfunktionen werden beim Prozeßentwurf benutzt und sind Gegenstand der *Prozeßplanung*; Verrichtungen sind Objekte der *Auftragsplanung*. Im Rahmen der Prozeßplanung müssen einzelne Funktionen entworfen werden. Bei der Auftragsplanung werden die Funktionen auf Verrichtungen heruntergebrochen. So kann eine Funktion, die durch die Prozeßplanung definiert wurde, im Rahmen der Auftragsplanung als Verrichtung zur Bearbeitung eines Auftrags aufgerufen werden.

In diesem Kapitel werden sowohl *Entwurfsentscheidungen* auf Typebene, als auch *dispositive Aufgaben* auf Ausprägungsebene diskutiert. Zunächst wird auf *Basisfunktionen* von Unternehmensprozessen eingegangen. Dabei handelt es sich um Beschaffung, Aufbewahrung, Distribution und Produktion. Danach wird die *Auftragsplanung* genauer analysiert. Zunächst wird die Strukturplanung, dann die Mengenplanung und schließlich die Zeit- und Kapazitätsplanung behandelt. Die operative Ebene der Auftragsplanung mit Systeminitialisierung, Systembetrieb und Systemüberwachung wird nur kurz diskutiert, da sie Gegenstand der Ausführungen in den folgenden Kapiteln ist. Die Repräsentation der Zusammenhänge erfolgt durch ein Klassenmodell, das der Notation von OOA angenähert ist. Die Repräsentation erfolgt textuell durch (KLASSE { Attribut } < Methode >).

2.1 Basisfunktionen

In diesem Abschnitt soll auf die Typebene von Prozessen eingegangen werden. Immer wiederkehrende, elementare Aktivitäten eines betriebswirtschaftlichen Prozesses sind *Transformation*, *Transport* und *Aufbewahrung*. Transformieren heißt, eine *Umwandlung* von Input in Output mit Hilfe von Produktionsfaktoren vorzunehmen. Bei Warenprozessen soll von Fertigung und bei Informationsprozessen von Verarbeitung gesprochen werden. Transportieren dient der Überbrückung räumlicher Differenzen, und Aufbewahrung dient der zeitlichen Entkopplung verschiedener Funktionen. Bei Informationsprozessen kann Aufbewahrung mit Speichern und bei materiellen Prozessen mit Lagern bezeichnet werden. Diese Aktivitäten sind auch Grundlage der *Basisfunktionen* von Unternehmensprozessen, wobei Transport entsprechend Input und Output in *Beschaffung* und *Distribution* unterschieden wird und Transformation verallgemeinernd mit *Produktion* bezeichnet wird. In Abbildung 2.1.-1 ist der Zusammenhang verschiedener Funktionen und elementarer Aktivitäten dargestellt.

Bevor auf Beschaffung, Distribution und Produktion genauer eingegangen wird, soll die *Aufbewahrung* kurz charakterisiert werden. Aufbewahrung dient der zeitlichen Entkoppelung von Beschaffung und Transformation sowie von Transformation und Distribution im Rahmen von Waren- und Informationsprozessen. Im folgenden werden die Begriffe Aufbewahren, Lagern und Speichern synonym verwendet. Um diese betriebswirtschaftliche Ak-

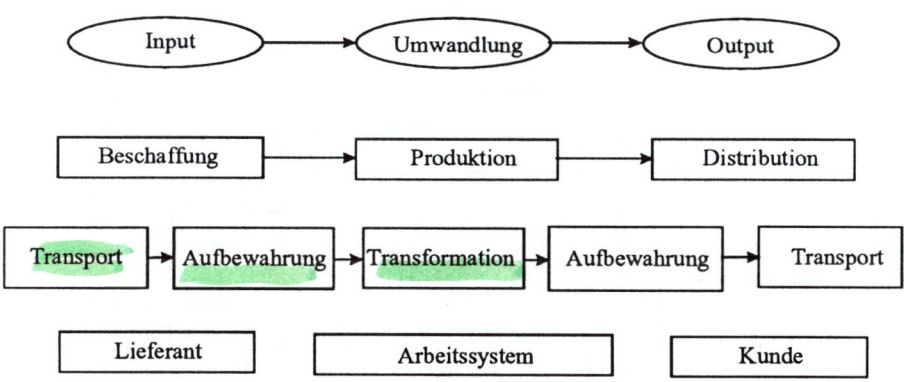

Abbildung 2.1.-1: *Bestandteile von Unternehmensprozessen*

tivität abbilden zu können, wird die Klasse LAGER eingeführt.

LAGER
{ Art, Ort, Güter, Kapazität, Menge, Wert, Zeit }
< Ein-/Auslagern, Verwaltung, Auskunft >

Die {Art} der Aufbewahrung kann beispielsweise nach den
Kriterien Phase im Wertschöpfungsprozeß, Verteilung und Sor-
tierung unterschieden werden. Mögliche Ausprägungen dieser Di-
mensionen sind in Abbildung 2.1.-2 dargestellt.

Beim {Ort} unterscheidet man externe und interne Aufbewahrung. {Güter} und {Kapazität} geben an, was und in welchem
Umfang aufbewahrt werden kann. {Menge}, {Wert} und {Zeit}
beschreiben, in welcher Anzahl, mit welchem Wert, zu welchem
Zeitpunkt das Lager Güter enthält. Als Methoden der Aufbewahrung seien das physische Ein- und Auslagern, sowie die La-
gerverwaltung und -auskunft genannt. <Ein-/Auslagern> bezieht
sich auf Lagereinheiten. Diese können sich entsprechend der Sor-
tierung auf Beschaffungs-, Transformations- oder Distributions-
einheiten beziehen. Lagereinheiten kann man systematisch oder
chaotisch ablegen. <Verwaltung> überwacht das Ein- und Auslagern und übernimmt die Bestandspflege. Eng damit verknüpft ist

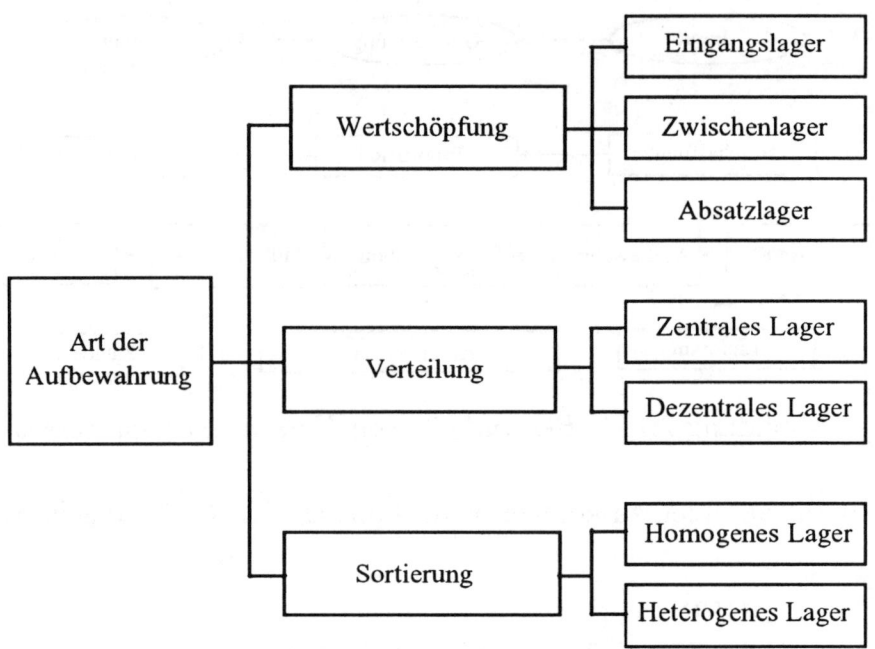

Abbildung 2.1.-2: *Aufbewahrungsarten*

die <Auskunft>, die den Lagerbestand zum jeweiligen Zeitpunkt dokumentiert.

2.1.1   Beschaffung

Die Beschaffung umfaßt alle Aktivitäten zur Gewinnung von Produktionsfaktoren. Ausgangspunkt ist ein gegebener Bedarf zur Erstellung eines Produkts. Im folgenden steht die Beschaffung von materiellen Gütern im Mittelpunkt der Überlegungen. Die Ausführungen lassen sich aber auch in Analogie auf immaterielle Güter übertragen. Wichtige Teilfunktionen der Beschaffung sind Bestellung und Wareneingang. Zur Repräsentation werden die Klasse BESCHAFFUNG und die Teilklassen BESTELLUNG und WARENEINGANG eingeführt.

BESCHAFFUNG
{ Faktor, Menge, Kosten, Zeit }
< Beschaffungspolitik, Beschaffungsplanung >

Teilklassen: BESTELLUNG, WARENEINGANG

Die Attribute von BESCHAFFUNG geben an, welche Inputfaktoren in welcher Menge wann benötigt werden und welche Kosten durch die Beschaffung entstehen. Sind die Werte der Attribute bekannt, können die Funktionen <Beschaffungspolitik> und
<Beschaffungsplanung> ausgeführt werden. <Beschaffungspoli-
tik> legt fest, welche für den Prozeß benötigten Güter extern be-
schafft und welche selbst erzeugt werden. <Beschaffungsplanung>
bestimmt, wie externe Güter zu beschaffen sind.

Empirisch ist belegt, daß über 70% des gesamten Faktorwer-
tes von weniger als 10% der Faktorarten verursacht werden. Die
ABC-Analyse klassifiziert die eingesetzten Produktionsfaktoren,
wie in Abbildung 2.1.-3 dargestellt, entsprechend ihres Anteils
am Gesamtwert in drei Gruppen:

- A-Faktoren mit einem sehr hohen Wert und geringer Menge,

- B-Faktoren mit mittlerem Wert und mittlerer Menge und

- C-Faktoren mit einem geringen Wert und großer Menge.

Für A- und B-Faktoren wird häufig eine *produktionssynchrone
Beschaffung*, die auch unter dem Begriff "just in time" bekannt
ist, vorgeschlagen. Diese kann man durch langfristige Verträge
mit Lieferanten und einer gemeinsamen Bestandssteuerung erreichen. Für C-Faktoren empfiehlt sich eine *Vorratsbeschaffung*. Die
Ergebnisse der <Beschaffungsplanung> werden durch die Klasse
BESTELLUNG konkretisiert.

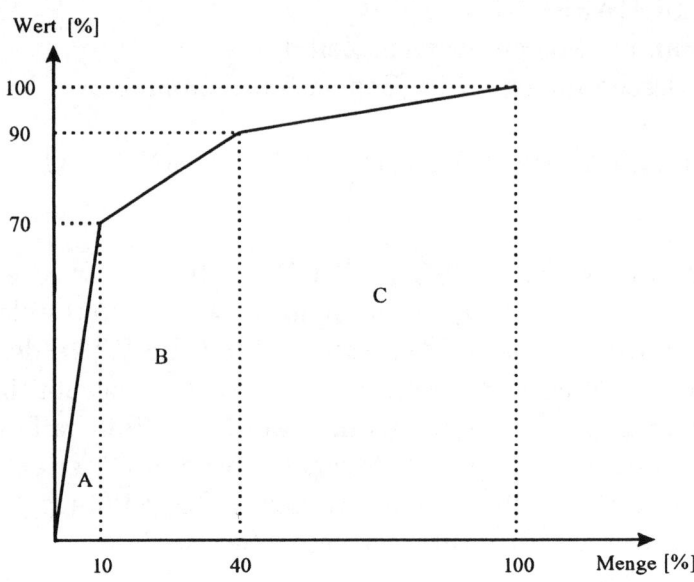

Abbildung 2.1.-3: *ABC-Analyse*

BESTELLUNG
{ Artikel, Periodenbedarf, Kosten, Zeitpunkt,
  Menge, Einstandspreis, Lagerkostensatz,
  Sicherheitsbestand }
< Optimale_Bestellmenge, JIT_Steuerung,
  Bestandssteuerung >

Wichtige Attribute der Klasse BESTELLUNG beziehen sich
auf das externe Gut, den Periodenbedarf, die Bestellkosten, den
Bestellzeitpunkt, die Bestellmenge, den Einstandspreis, den Lagerkostensatz und den Sicherheitsbestand zur Überbrückung der
Beschaffungszeit. Bei den Methoden sollen <Optimale_Bestellmen-
ge> für die Vorratsbeschaffung, <JIT_Steuerung> bei produk-
tionssynchroner Beschaffung und <Bestandssteuerung> für eine
durch den Sicherheitsbestand gesteuerte Beschaffung unterschieden werden.

Bei der Festlegung der Bestellmengen x ergeben sich die folgenden extremen Alternativen. Man kann, wie in Abbildung 2.1.-4 dargestellt, entweder große Mengen in langen Zeitabständen (Senkung der Bestellkosten, Erhöhung der Lagerhaltungskosten) oder kleine Mengen in kurzen Zeitabständen (Senkung der Lagerhaltungskosten, Erhöhung der Bestellkosten) beschaffen.

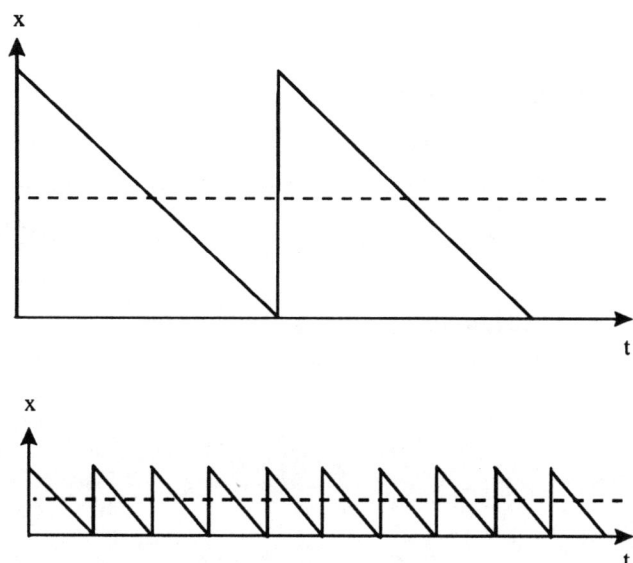

Abbildung 2.1.-4: *Bestellmenge und Lagerhaltung*

Diese Beobachtung wird bei der Bestimmung der *optimalen Bestellmenge* berücksichtigt. Ziel der Bestimmung der optimalen Bestellmenge x_{opt} ist die Minimierung der Gesamtkosten $K(x)$, d.h. der Summe aus Beschaffungkosten $B(x)$ und Vorratshaltungskosten $V(x)$. Im Rahmen eines sehr einfachen Modells [Sch92a] wird angenommen, daß

- Einstandspreis p, Periodenbedarf D, Bestellkosten b und Lagerkostensatz z konstant sind,

- der Lagerabbau stetig und linear erfolgt, d.h. der durchschnittliche Lagerbestand ist $x/2$,

- D/x Bestellungen zur Deckung des Periodenbedarfs nötig sind und

- die Bestellmenge x beliebige Werte annehmen kann.

Die graphisch ermittelte Lösung ist in Abbildung 2.1.-5. dargestellt. Zur analytischen Lösung ergibt sich das folgende Vorgehen.

$$
\begin{aligned}
B(x) &= Dp + (D/x)b \\
V(x) &= z(xp + b)/2 \\
K(x) &= B(x) + V(x) = Dp + (D/x)b + z(xp + b)/2 \\
K'(x) &= -bD/x^2 + pz/2 \text{ und für } K'(x) = 0 \text{ ergibt sich}
\end{aligned}
$$

$$
x_{opt} = \sqrt{2Db/pz}
$$

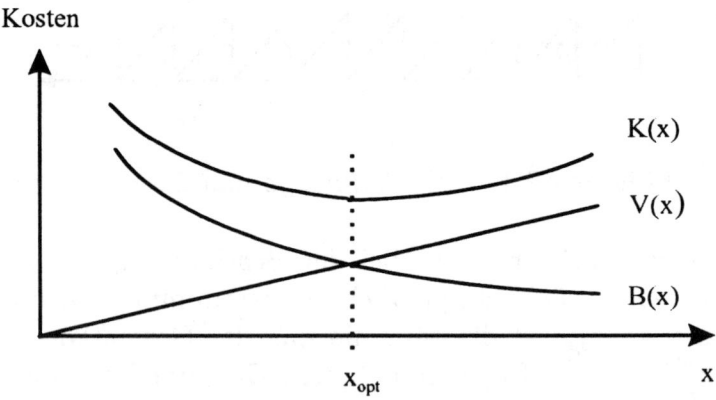

Abbildung 2.1.-5: *Optimale Bestellmenge*

Bei einer *modifizierten* <JIT_Steuerung> erfolgen die Beschaffungen möglichst zeitgenau, jedoch kontinuierlich im Zeitverlauf. Zur Koordination von Beschaffungsmengen und -zeitpunkten werden Soll- und Istwerte definiert, die auf Mengen und Zeitpunkte

Zur Koordination von Beschaffungsmengen und -zeitpunkten werden Soll- und Istwerte definiert, die auf Mengen und Zeitpunkte bezogen werden. Für jeden Zeitpunkt werden kumulierte Sollmengen vorgegeben und den jeweiligen Istmengen gegenübergestellt (vgl. Abbildung 2.1.-6). Liegt die durchgezogene Kurve oberhalb oder links von der gestrichelten, so ist der Lieferant mit den Mengen (oberhalb) oder mit den Zeiten (links) im Vorlauf; in den anderen Fällen ist er im Rückstand. Der Vorteil eines kumulierten Soll-Ist-Vergleichs liegt in der direkten Kopplung aller Funktionen eines Prozesses von der Beschaffung bis zur Erfüllung des Auftrags. Voraussetzungen für die Anwendung eines solchen Vorgehens sind

- ein hoher Wiederholungsgrad des Prozesses,

- eine enge Konsumenten-Lieferanten-Beziehung und

- ein standardisierter Informationsaustausch wie beispielsweise EDIFACT (Electronic Data Interchange for Administration, Commerce and Transport) zum beleglosen elektronischen Dokumentenaustausch.

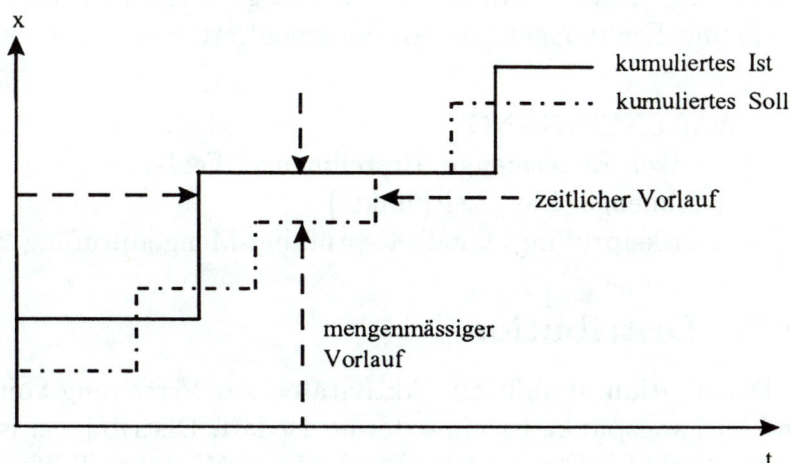

Abbildung 2.1.-6: *Modifiziertes JIT-Konzept*

Bei <Bestandssteuerung> handelt es sich um eine am *Sicherheitsbestand* orientierte Steuerung der Beschaffung. Meldet der Konsument einer Stufe des Prozesses einen Bedarf, so pflanzt sich dieser über mehrere Stufen bis zum Produzenten auf der ersten Stufe fort. Ausgehend von einem vorgegebenen Sollbestand werden Bedarfe über verschiedene Stufen ermittelt. So meldet die Stufe s bei Stufe $s-1$ einen Bedarf an, diese bei $s-2$ etc., so daß der Bedarf sich bis auf die erste Stufe des Prozesses fortpflanzt. Auf diese Weise entstehen vermaschte, selbststeuernde *Regelkreise* als Folge mehrerer Produzenten-Konsumenten-Beziehungen. Ziele der <Bestandssteuerung> sind geringe Bestände, kurze Durchlaufzeiten, hohe Termintreue und eine gleichmäßige Auslastung der Kapazitäten. Voraussetzung eines wirtschaftlichen Einsatzes sind ein möglichst gleichmäßiger Bedarf über alle Stufen eines Prozesses und darauf abgestimmte Kapazitäten. Die Prinzipien einer Bestandssteuerung lassen sich nicht nur inner-, sondern auch überbetrieblich anwenden.

Verbunden mit jeder Bestellung ist bei Lieferung eine Wareneingangsprüfung, die eine Artikel-, Qualitäts- und eine Mengenprüfung umfaßt. Zur Repräsentation dieser Funktionen wird die Klasse WARENEINGANG eingeführt. Zu jedem Lieferzeitpunkt wird die Liefermenge mit der Bestellmenge verglichen, und Fehlerteile und Fehlmengen werden dokumentiert.

WARENEINGANG
{ Artikel, Liefermenge, Bestellmenge, Fehlerteile,
    Fehlmenge, Lieferzeitpunkt }
< Artikelprüfung, Qualitätsprüfung, Mengenprüfung >

2.1.2   Distribution

Die Distribution umfaßt alle Aktivitäten zur Verteilung von Gütern. Ausgangspunkt ist ein externer Bedarf. Distribution ist somit das direkte Spiegelbild der Beschaffung. Wichtige Teilfunktionen sind der Warenausgang und die Auslieferung. Zur Repräsentation werden die Klasse DISTRIBUTION und die Teilklassen

WARENAUSGANG und AUSLIEFERUNG eingeführt.

> DISTRIBUTION
> { Artikel, Menge, Kosten, Zeit }
> < Distributionspolitik, Distributionsplanung >
>
> Teilklassen: WARENAUSGANG, AUSLIEFERUNG

Die Attribute von DISTRIBUTION geben an, welche Produkte in welcher Menge, zu welchen Kosten und zu welcher Zeit zum Kunden transportiert werden müssen. Sind die Werte der Attribute bekannt, können die Methoden <Distributionspolitik> und <Distributionsplanung> ausgeführt werden. <Distributionspolitik> legt fest, welche Güter in eigener Regie verteilt werden sollen und welche in fremder. <Distributionsplanung> legt fest, wie die Güter in eigener Regie verteilt werden sollen. Für die Distribution auf eigene Rechnung stellt die Teilklasse AUSLIEFERUNG geeignete Methoden zur Verfügung.

> AUSLIEFERUNG
> { Artikel, Lieferkosten, Lieferzeitpunkt, Liefermenge,
>   Lieferort, Lieferkapazität }
> < Transportwegeplanung, Transportmengenplanung >

Wichtige Attribute der Klasse AUSLIEFERUNG beziehen sich auf den auszuliefernden Artikel, die entstehenden Kosten, den durch die Lieferung einzuhaltenden Termin, die zu liefernde Menge, den Lieferort und die verfügbare Kapazität. Bei den Methoden sollen die <Transportwegeplanung> und die <Transportmengenplanung> betrachtet werden. Zunächst soll auf die <Transportwegeplanung> eingegangen werden.

Ziel der Planung der Transportwege ist die Bestimmung von Verbindungen eines Start- mit einem Zielort unter Berücksichtigung anfallender Kosten. Zur Modellierung benutzt man einen (un-)gerichteten Graphen, auf dem man nach *kostenoptimalen Wegen* sucht. Die Kanten entsprechen einem Transport von v nach w mit Kosten $c(v, w)$. Je nach Problemstellung kommen unterschiedliche Algorithmen zur Anwendung [DD91]. Das im folgenden dargestellte Verfahren arbeitet auf Graphen, bei denen gewährleistet ist, daß die Summe der Kosten einer Schleife nicht negativ ist.

Algorithmus 2.1.1 *Verfahren zur Wegeplanung*

begin
$h(s) := 0; U := \{s\}; Q := \emptyset;$
$h(x) := M; DV(x) := -1, \ x \in V \setminus \{s\};$
  $--DV(x)$ ist direkter Vorgänger von x
while $U \neq \emptyset$ **do**
  begin
  for all $x' \in U$ **do**
    begin
      for all $x \in DN(x')$ **do**
        $--DN(x)$ ist direkter Nachfolger von x
        begin
        if $h(x) > h(x') + c(x', x)$
        then
          begin
          $h(x) := h(x') + c(x', x); DV(x) := x'; Q := Q \cup \{x\};$
          end;
        end;
      $U := U - \{x'\}; Q := Q - \{x'\};$
    end;
    if $Q = \emptyset$
    then stop
    else $U := Q; \ Q := \emptyset;$
  end;
end;

Beispiel 2.1.1: Für den in Abbildung 2.1.-7. dargestellten bewerteten Graphen soll der kostenminimale Weg bestimmt werden. Als

Lösung ergibt sich der Pfad $\{(0,1),(1,4),(4,6)\}$. Bei Anwendung von Algorithmus 2.1.1 werden vier Iterationen benötigt.

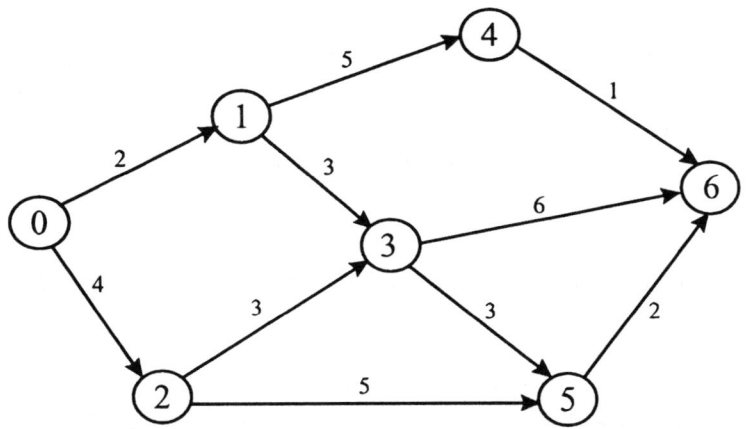

Abbildung 2.1.-7: *Beispielgraph für die Transportwegeplanung*

Die <Transportmengenplanung> hat die Aufgabe, den kosten-minimalen Transport einer gegebenen Gütermenge unter Berück-sichtigung begrenzter Kapazitäten $k(u,v)$ auf einzelnen Strecken-abschnitten von einem Startort zu einem Zielort zu bestimmen. Im Modell sucht man nach maximalen Flüssen F bzw. maximalen Flüssen zu minimalen Kosten F^* zwischen einem Startknoten s und einem Zielknoten t. Jeder Pfeil des Ausgangsgraphen G hat eine Bewertung $c(u,v)$, eine Mindestkapazität $M(u,v)$ und eine Höchstkapazität $K(u,v)$. Das im folgenden dargestellte Verfah-ren arbeitet auf Inkrementgraphen. Der zu G gehörige Inkrement-graph I hat die gleiche Knotenmenge wie G, jedoch eine erweiterte Pfeilmenge. Sie ergibt sich aus der Pfeilmenge des Ausgangsgra-phen, wobei für jeden Pfeil (u,v) noch ein entgegengerichteter Pfeil (v,u) dazukommt. Ein Inkrementgraph ist einseitig kapazi-tiert; die Mindestkapazität ist Null und die Höchstkapazität ist abhängig von einem aktuellen Fluß f. Die Umwandlung eines Graphen G in einen entsprechenden Inkrementgraphen I ist in Abbildung 2.1.-8. dargestellt.

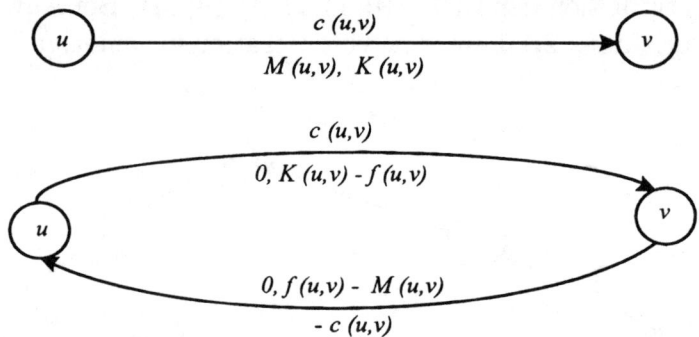

Abbildung 2.1.-8: *Ausgangs- und Inkrementgraph*

Das folgende Inkrementgraphenverfahren ermittelt maximale Flüsse zu minimalen Kosten. Zur Initialisierung wird ein zulässiger Startfluß f auf G benötigt.

Algorithmus 2.1.2 *Verfahren zur Transportmengenplanung*

begin
for all $(u, v) \in E$ **do**
    begin
    $k(u, v) := K(u, v) - f(u, v);$
    $k(v, u) := f(u, v) - M(u, v);$
    $c(u, v) := c(u, v);$
    $c(v, u) := -c(u, v);$
      - -Initialisierung des Inkrementgraphen I
    end;
while path P from s to t with $k(u, v) > 0$ for all $(u, v) \in P$ exists
    begin
    select from I path P^* from s to t where P^* is the shortest path with the minimum number of arcs;
    $s := min\{k(u, v) \mid (u, v) \in P^*\};$
      - -s ist die Engpaßkapazität des Pfades
    $k(u, v) := k(u, v) - s;$
    $k(v, u) := k(v, u) + s;$
    end;

end;

Beispiel 2.1.2: Es sollen 80 Einheiten auf den in Abbildung 2.1.-9 dargestellten Graphen vom Startknoten 0 zum Zielknoten 6 transportiert werden. Nach Anwendung von Algorithmus 2.1.2 ergeben sich als Lösung die eingekreisten Transportmengen mit minimalen Transportkosten von 860 Einheiten.

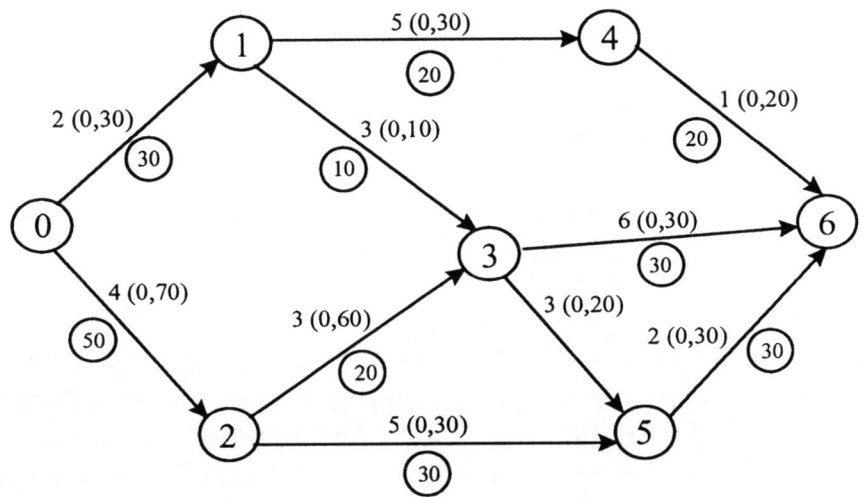

Abbildung 2.1.-9: *Beispielgraph für die Transportmengenplanung*

Die Teilklasse WARENAUSGANG entspricht der Teilklasse WARENEINGANG der Klasse BESCHAFFUNG mit dem Unterschied, daß sich die Überprüfung auf ausgehende Güter bezieht.

WARENAUSGANG
{ Artikel, Liefermenge, Bestellmenge, Fehlerteile,
 Fehlmenge, Lieferzeitpunkt }
< Artikelprüfung, Qualitätsprüfung, Mengenprüfung >

2.1.3 Produktion

Der Produktionsprozeß umfaßt Funktionen mit dem Ziel der Herstellung von marktfähigen Gütern. Elementare Aktivitäten sind Entwicklung, Auftragsplanung und Transformation. TRANSFORMATION ist somit neben ENTWICKLUNG und AUFTRAGSPLANUNG Teilklasse von PRODUKTION.

PRODUKTION
{ Produkt, Menge, Kosten, Zeit }
< Produktplanung, Systemkonfiguration,
  Produktionspolitik >

Teilklassen: ENTWICKLUNG, AUFTRAGSPLANUNG,
            TRANSFORMATION

Die Attribute von PRODUKTION beziehen sich auf das herzustellende Gut, die zu produzierende Menge, die anfallenden Kosten und die Produktionsperiode. Die Funktion <Produktplanung> hat die Aufgabe, Produkte nach Art und Menge für eine gegebene Planungsperiode festzulegen. Ziel ist die Bestimmung eines optimalen Produktionsprogramms. <Systemkonfiguration> hat die Aufgabe, die Arbeitssysteme für die Durchführung der Produktionsaufgabe zu konfigurieren (vgl. [GT95]). Entscheidungen auf aggregierter Ebene beziehen sich auf die Festlegung von Art und Anzahl der Inputfaktoren sowie auf die Organisation von Transport und Lagerhaltung. Entscheidungen auf detaillierter Ebene beziehen sich beispielsweise auf das Systemlayout, die Arbeitsgenauigkeit der Prozessoren und die Festlegung der Kapazitäten. <Produktionspolitik> unterscheidet bei wiederholter Prozeßdurchführung konstanten periodischen Output (Produktion auf Lager) und variablen periodischen Output (Produktion auf Kundenbestellung). Die Klasse AUFTRAGSPLANUNG verbindet die Typebene mit der Ausprägungsebene. Diese Klasse wird immer dann aktiv, wenn Aufträge zur Erledigung vorliegen. Sie wird im nächsten Abschnitt behandelt.

2.2 Auftragsplanung

Die folgenden Ausführungen beziehen sich auf die Planung der Bearbeitung von Aufträgen, wie sie auf der Ausprägungsebene von
Prozessen auftreten. Sie stellt eine betriebswirtschaftliche Quer-
schnittsfunktion in bezug auf Aufbewahrung, Beschaffung, Distribution und Produktion dar und hat eine taktische und eine
operative Ebene. Die *Auftragsplanung* beginnt auf taktischer Ebene, ausgehend vom vorliegenden Auftrag, mit der Ermittlung der
benötigten Komponenten. Diese werden mit Hilfe einer *Stückliste*
repräsentiert. Sind die einzelnen Komponenten bekannt, können
im Rahmen der *Mengenplanung* der Komponentenbedarf für den
gesamten Auftragsvorrat ermittelt und im Rahmen der *Arbeits-
planung* die durchzuführenden Verrichtungen und die dabei benötigten Ressourcen zur Erfüllung der Aufträge spezifiziert werden.
Daran schließen sich die *Zeitplanung* und die *Kapazitätsplanung*
auf taktischer Ebene und die *Systeminitialisierung*, der *Systembetrieb* und die *Systemüberwachung* auf operativer Ebene an.

Bei der Mengenplanung werden die Anzahl der durchzuführenden Aufträge, der Umfang der auszuführenden Verrichtungen und
die Menge der dazu benötigten Ressourcen festgelegt. Sind diese bekannt, werden durch die Zeitplanung die einzelnen Aufträge
grob terminiert und im Rahmen der Kapazitätsplanung Ressourcengruppen für die Auftragsdurchführung reserviert. Bei Eintreten der Termine können die entsprechenden Aufträge freigege-
ben und der operativen Auftragsplanung übergeben werden. Diese sorgt im Rahmen von Initialisierung und Betrieb für die Einrichtung der Arbeitssysteme und für die Planung und Steuerung
der Auftragsbearbeitung. Die Überwachung dient dem Abgleich
von Planung und Steuerung im Rahmen des Systembetriebs. Im
folgenden werden die Zeit- und Kapazitätsplanung sowie die operative Auftragsplanung auch mit *Ausführungsplanung* bezeichnet.

Zur Repräsentation der Zusammenhänge wird die Klasse AUF-
TRAGSPLANUNG mit den Teilklassen STRUKTURPLAN,
MENGENPLAN und AUSFÜHRUNGSPLAN eingeführt. Auf die

Angabe von Attributen und Methoden wird an dieser Stelle verzichtet. Diese werden in den folgenden Abschnitten weiter konkretisiert.

AUFTRAGSPLANUNG

Teilklassen: STRUKTURPLAN, MENGENPLAN,
AUSFÜHRUNGSPLAN

Zunächst wird auf den STRUKTURPLAN mit den Teilklassen STÜCKLISTE und ARBEITSPLAN eingegangen. Daran anschließend werden der MENGENPLAN und schließlich der AUSFÜHRUNGSPLAN mit den Teilklassen ZEITPLAN und KAPAZITÄTSPLAN behandelt. Fragen der operativen Auftragsplanung werden hier nur kurz gestreift, da sie Gegenstand der folgenden Kapitel sind.

2.2.1 Strukturplanung

Die Strukturplanung umfaßt die Erstellung von Stückliste und Arbeitsplan. *Stücklisten* beschreiben den *strukturellen* und *mengenmäßigen* Zusammenhang zwischen einem Produkt und seinen Bestandteilen. Daneben können auch noch andere Informationen in einer Stückliste berücksichtigt werden.

STÜCKLISTE
{ Produkt, Bestandteile, Menge, Vorlaufzeit }
< Stückliste_erstellen, Stückliste_auflösen >

Beispiel 2.2.1: Das Produkt y besteht aus zwei Komponenten x_1 und drei Komponenten x_2 sowie fünf Einzelteilen z_1. Die Komponente x_1 besteht aus einem Einzelteil z_1 und vier Einzelteilen z_2. Die Komponete x_2 besteht aus zwei Einzelteilen z_3 und vier

Einzelteilen z_4. Das folgende Gleichungssystem beschreibt diesen
Zusammenhang.

$$
\begin{aligned}
y &= 2x_1 + 5z_1 + 3x_2 \\
x_1 &= 1z_1 + 4z_2 \\
x_2 &= 2z_3 + 4z_4
\end{aligned}
$$

Eine entsprechende Repräsentation als *Baum* und als *Gozinto-Graph* ist in Abbildung 2.2.-1 dargestellt. Der Gozinto-Graph repräsentiert jedes Bestandteil genau einmal.

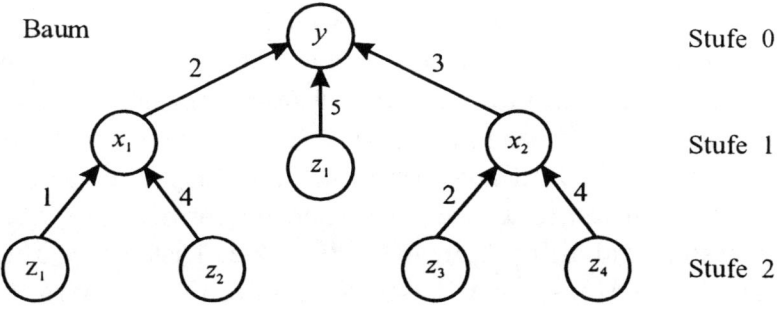

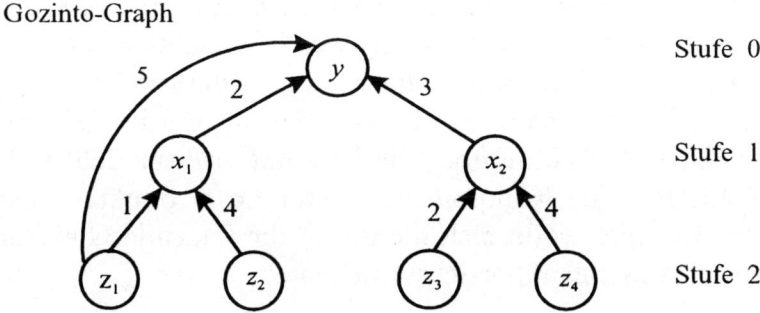

Abbildung 2.2.-1: *Repräsentation von Stücklisten*

Die Bewertungen der Pfeile (u, v) beziehen sich auf Mengen des Inputs, repräsentiert durch Knoten u, bezogen auf den Output, repräsentiert durch Knoten v. Mit Hilfe von Stücklisten, die den Zusammenhang zwischen einem Produkt und seinen Bestandteilen beschreiben, lassen sich auch Informationen für sogenannte *Verwendungsnachweise* herleiten. Diese beschreiben die Verwendung von Bestandteilen in Produkten. Stücklisten nehmen die Sicht der Produkte und Verwendungsnachweise die Sicht der Bestandteile ein. Als Graph formuliert, würde sich bei einem Verwendungsnachweis ein Baum ergeben, bei dem das Bestandteil die Wurzel ist und die Produkte die Blätter; Pfeile verlaufen in Richtung der Blätter.

Eine Stückliste kann nach Transformations- oder nach Dispositionsstufen gegliedert werden. Eine nach der *Transformationsstufe* aufgebaute Stückliste ordnet jedes Bestandteil der Stufe zu, auf der es verfügbar sein muß, um es weiterbearbeiten zu können und repräsentiert somit den Aufbau eines Produktes aus der Sicht der Transformationsfunktion. Eine nach der *Dispositionsstufe* gegliederte Stückliste ordnet jedes Bestandteil der Stufe zu, auf der es zum ersten Mal auftritt. In Abbildung 2.2.-1 ist die Baumdarstellung auf die Transformationsstufe und der Gozinto-Graph auf die Dispositionsstufe bezogen.

Will man wissen, in welchen Mengen welche Bestandteile ausgehend von einer bestimmten Nachfrage des Produkts benötigt werden, bedient man sich der *Mengenübersichtsstückliste*. Diese enthält alle erforderlichen Bedarfsmengen, die zur Herstellung einer Mengeneinheit eines Produktes benötigt werden. Sie gibt keinen genauen Aufschluß über die Produktstruktur, läßt sich aber zur Ermittlung der Komponentenkosten des Produktes einsetzen. Für das Beispiel ergibt sich die durch die folgende Gleichung repräsentierte Mengenübersichtsstückliste.

$$y' = 2x_1 + 7z_1 + 8z_2 + 3x_2 + 6z_3 + 12z_4$$

Ein *Arbeitsplan* gibt an, auf welche Art und Weise ein Produkt hergestellt werden kann. Für verschiedene Möglichkeiten der Herstellung lassen sich unterschiedliche Arbeitspläne angeben. Die

Konstruktion eines individuellen Arbeitsplans umfaßt im Kern vier Schritte:

1. Identifizierung aller Verrichtungen, die zur Herstellung eines bestimmten Produkts durchgeführt werden müssen (Arbeitsgangplanung).

2. Zuordnung von Prozessoren und zusätzlichen Ressourcen (Werkzeuge, Material, Daten) zu jeder Verrichtung (arbeitsgangbezogene Ressourcenplanung).

3. Festlegung der technologischen Reihenfolgebedingungen zwischen den einzelnen Verrichtungen (Arbeitsgangfolgeplanung).

4. Festlegung der Verrichtungsdauern (Vorgabezeitenplanung).

Die folgende Klasse ARBEITSPLAN repräsentiert die Zusammenhänge. Neben den schon erwähnten Attributen dienen {Vorgänger} und {Nachfolger} zur Festlegung der Arbeitsgangfolge und {Rüstzeit}, {Bearbeitungszeit} und {Übergangszeit} einer detaillierten Ermittlung der Vorgabezeiten. Mit Hilfe der Methode <Arbeitsplan_erstellen> wird der Plan konstruiert, und mit <Arbeitsplan_auswerten> können nachgelagerten Planungsfunktionen Arbeitsplaninformationen zur Verfügung gestellt werden.

   ARBEITSPLAN
   { Produkt, Verrichtungen, Ressourcen, Vorgänger,
     Nachfolger, Rüstzeit, Bearbeitungszeit, Übergangszeit }
   < Arbeitsplan_erstellen, Arbeitsplan_auswerten >

Die Struktur eines Arbeitsplans läßt sich als gerichteter Graph repräsentieren. In Abbildung 2.2.-2 ist ein Arbeitsplan über zwei Stufen dargestellt. Knoten repräsentieren jetzt Verrichtungen, Pfeile sind mit den Übergangszeiten markiert, und jedem Knoten ist ein Tripel zugeordnet, das die Verrichtung, den benötigten Prozessor und die Bearbeitungsdauer inklusive Rüstzeit repräsentiert.

Zusätzliche Informationen zu Pfeilen und Knoten können hinterlegt werden.

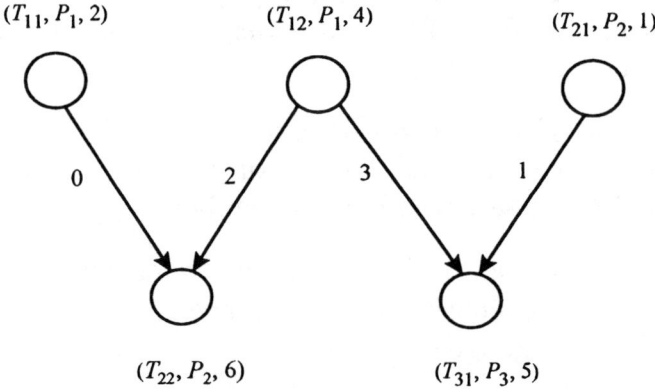

Abbildung 2.2.-2: *Repräsentation eines Arbeitsplans*

2.2.2 Mengenplanung

Die *Mengenplanung* legt fest, in welchen Mengen die verschiedenen Bestandteile eines Produkts zur Befriedigung des Bedarfs zu erstellen sind. Um dieser Aufgabe gerecht zu werden, wird die Klasse MENGENPLAN eingeführt. Die Attribute beziehen sich auf Nachfragemengen, Zeiten, die für die Bereitstellung eingehalten werden müssen, und die Zusammenfassung gleichartiger Komponenten zu Losen.

MENGENPLAN
{ Bedarfe, Vorlaufzeit, Losgröße }
< Bedarfsermittlung, Losgrößenbildung >

Die <Bedarfsermittlung> bestimmt die jeweiligen Periodenbedarfe. Ausgangspunkt ist ein gegebener *Primärbedarf*, der auf Prognosen und vorliegenden Aufträgen aufbaut und sich auf marktgängige Produkte bezieht. Daraus abgeleitet wird der *Sekundärbedarf*, der den Bedarf an Komponenten umfaßt, der zur Erzeugung des Primärbedarfs erfüllt sein muß. Weiter wird zwischen *Bruttobedarf* und *Nettobedarf* unterschieden. Den periodenbezogenen Nettobedarf erhält man, in dem man den Bruttobedarf um den vorhandenen Lagerbestand verringert.

Periodenbedarfe lassen sich (1) auftragsorientiert mit Hilfe der Stückliste, (2) verbrauchsorientiert aus Vergangenheitswerten und Prognosen und (3) durch subjektive Schätzungen bestimmen. Im folgenden wird auf (1) und (2) eingegangen.

(1) Bei der *auftragsorientierten* Bedarfsermittlung wird ausgehend vom Primärbedarf der Sekundärbedarf mit Hilfe von Stücklisten oder Verwendungsnachweisen ermittelt. Als weiteres Datum für die Mengenplanung benötigt man noch die Vorlaufzeit. Diese ergibt sich aus der Differenz des Bereitstellungstermins von v auf der vorgelagerten und dem Bereitstellungstermin von w auf der nachgelagerten Stufe. Liegt ein Bedarf von w in Periode p vor und ist t die Vorlaufzeit für w, so muß v in Periode $p - t$ vorliegen.

Beispiel 2.2.2: Gegeben sei die Produktstruktur aus Abbildung 2.2.-1 mit

$$y = 2x_1 + 5z_1 + 3x_2$$
$$x_1 = 1z_1 + 4z_2$$
$$x_2 = 2z_3 + 4z_4$$

Zu Beginn von Periode 11 muß für y ein Primärbedarf von 30 Einheiten erfüllt werden. Daraus ergeben sich die Sekundärbedarfe $(x_1, x_2, z_1, z_2, z_3, z_4) = (60, 90, 210, 240, 180, 360)$. Für Perioden 12 und 13 liegt nochmals ein Primärbedarf von jeweils 20 und 40 Einheiten für y vor. Die Vorlaufzeiten betragen für y eine Periode und für x_1 und x_2 jeweils zwei Perioden. Der Bruttobedarf muß um die Lagerbestände abzüglich gegebener Reservierungen verringert werden, um den Nettobedarf zu ermitteln. Die Ergebnisse sind in Abbildung 2.2.-3 dargestellt.

(2) Die *verbrauchsorientierte* Bedarfsermittlung wird mit statistischen Methoden unter Verwendung von Vergangenheitswer-

1. Auflösung der Dispositionsstufe 0

	Vorlauf in Perioden	7	8	9	10	11	12
				Bedarf der Periode			
y Bruttobedarf	1				30	20	40
- Lagerbestand					0	0	0
= Nettobedarf					30	20	40
x_1 Bruttobedarf	2			60	40	80	
- Lagerbestand				40	0	0	
= Nettobedarf				20	40	80	
x_2 Bruttobedarf	2			90	60	120	
- Lagerbestand				130	40	0	
= Nettobedarf				0	20	120	
z_1 Bruttobedarf				150	100	200	

2. Auflösung der Dispositionsstufe 1

	7	8	9	10	11	12
x_1 Nettobedarf			20	40	80	
x_2 Nettobedarf			0	20	120	
z_1 Bruttobedarf	20	40	230	100	200	
- Lagerbestand	0	0	0	0	0	
= Nettobedarf	20	40	230	100	200	
z_2 Bruttobedarf	80	160	320			
- Lagerbestand	540	460	300			
= Nettobedarf	0	0	20			
z_3 Bruttobedarf	0	40	240			
- Lagerbestand	0	0	0			
= Nettobedarf	0	40	240			
z_4 Bruttobedarf	0	80	480			
- Lagerbestand	60	60	0			
= Nettobedarf	0	20	480			

Abbildung 2.2.-3: *Auftragsorientierte Bedarfsermittlung*

ten durchgeführt. Dies geschieht insbesondere bei Bestandteilen mit geringem Wert (C-Bestandteile) oder dort, wo keine auftragsorientierte Analyse möglich ist.

Das einfachste Prognoseverfahren zur verbrauchsorientierten Bedarfsermittlung ist die Bildung von einfachen *Durchschnitten* aus den Verbräuchen der Vergangenheit. Dieses Verfahren hat aber den Nachteil, daß alle Perioden, nämlich auch die länger zurückliegenden, mit dem gleichen Gewicht in die Berechnung eingehen. Der gewogene Mittelwert vermeidet diesen Nachteil, indem er die einzelnen Perioden unterschiedlich gewichtet.

Eine andere Alternative für die verbrauchsbedingte Bedarfsermittlung ist die *exponentielle Glättung* erster Ordnung. Voraussetzung für ihre Anwendung sind Zeitreihen, die keinem Trend und keinen Saisonschwankungen folgen. In die Rechnung gehen die beobachteten und die prognostizierten Bedarfswerte vergangener Perioden ein, die mit Hilfe eines Glättungsfaktors $0 \leq \alpha \leq 1$ gewichtet werden. Zur Ermittlung des Prognosewertes Y_t der Periode t benötigt man den Prognosewert Y_{t-1} von $t-1$, den beobachteten Wert y_{t-1} und den Glättungsfaktor α. Damit ergibt sich

$$Y_t = \alpha Y_{t-1} + (1-\alpha)y_{t-1}$$

Ein großer Glättungsfaktor gewichtet den letzten Zeitreihenwert gegenüber den früheren Werten stärker. Bei einem Glättungsfaktor von 1 werden die Prognosewerte der Vergangenheit vernachlässigt.

Die <Losgrößenbildung> setzt ein, wenn Bedarfe und Perioden festliegen. Dann werden gleichartige Bestandteile über verschiedene Perioden zu *Losen* für die Transformation zusammengefaßt. Dieses Vorgehen orientiert sich an der Idee der Bestimmung der optimalen Bestellmenge, mit dem Unterschied, daß anstelle von *Bestellkosten* jetzt *Rüstkosten* Berücksichtigung finden. Ein Ergebnis der Losgrößenbildung, angewandt auf die Daten des Beispiels 2.2.2, könnte sein, daß z_1 in zwei Losen zu 290 Einheiten in Periode 7 und zu 300 Einheiten in Periode 10 hergestellt werden sollte. Für z_3 und z_4 ließe sich eine ähnliche Losgrößenbildung vornehmen.

Losgrößen müssen häufig unter Berücksichtigung mehrstufiger Transformationsprozesse gebildet werden. Einfache Modelle schlagen konstante Losgrößen als vielfaches des Periodenbedarfs vor oder machen vereinfachende Annahmen vergleichbar denen bei der Bestimmung der optimalen Bestellmenge. Realistischere Losgrößenmodelle werden später im vierten Kapitel behandelt.

2.2.3 Ausführungsplanung

Die Ausführungsplanung auf taktischer Ebene umfaßt eine Zeit- und eine Kapazitätsplanung. Die Schnittstelle zur Auftragsplanung auf operativer Ebene mit Systeminitialisierung, Systembetrieb und Systemüberwachung ist die *Auftragsfreigabe*. Zunächst soll die Zeitplanung mit Hilfe der Klasse ZEITPLAN erläutert werden.

ZEITPLAN
{ Aufträge, Mengen, Zeiten }
< Terminierung >

Die *Zeitplanung* wird auf Basis der Mengenplanung für die zu erfüllenden Aufträge mit dem Ziel der Festlegung von Bearbeitungsterminen ausgeführt. Die <Terminierung> legt Beginn- und Endtermine von einzelnen Aufträgen bzw. Auftragslosen fest. Dabei müssen Rüstzeiten, Bearbeitungszeiten und Übergangszeiten berücksichtigt werden. Zur Rückwärts- (späteste Beginntermine) und zur Vorwärtsterminierung (früheste Beginntermine) werden einfache Verfahren eingesetzt (vgl. [Din92]). Das zugrunde liegende Modell ist ein gerichteter Graph $G = (V, E)$, der die einzelnen Verrichtungen und die Bearbeitungsdauern darstellt. Man ermittelt beispielsweise den "kritischen Pfad", der die Verrichtungen angibt, deren Verzögerung auch den Endtermin des Auftragsnetzes verzögern würde. Nicht kritische Verrichtungen sind innerhalb von Pufferzeiten verschiebbar. Ein bekanntes Terminierungsverfahren ist CPM (Critical Path Method).

Bei CPM werden Verrichtungen als Pfeile E und Ereignisse, die Voraussetzungen für den Start oder den Abschluß von Verrichtungen sind, als Knoten V dargestellt. G ist aufsteigend zu numerieren, d.h. jeder Nachfolgerknoten j hat eine größere Nummer als sein Vorgängerknoten i. Einem Pfeil (i, j) wird eine Dauer $D(i, j)$ zugeordnet. Mit diesen Angaben lassen sich früheste und späteste Eintrittszeitpunkte von Ereignissen (FZ, SZ), früheste und späteste Anfangs- und Endzeitpunkte von Verrichtungen (FA, SA, FE, SE) und zugehörige Pufferzeiten (GP) entsprechend der folgenden Vorschriften ermitteln.

$$
\begin{aligned}
FZ(1) &= 0 \\
FZ(j) &= \max\{FZ(i) + D(i, j) \mid i \in V(j)\} \\
SZ(n) &= FZ(n) \\
SZ(i) &= \min\{SZ(j) - D(i, j) \mid j \in N(i)\} \\
GP(i) &= SZ(i) - FZ(i)
\end{aligned}
$$

$$
\begin{aligned}
FA(i, j) &= FZ(i) \\
SA(i, j) &= SZ(j) - D(i, j) \\
FE(i, j) &= FZ(i) + D(i, j) \\
SE(i, j) &= SZ(j) \\
GP(i, j) &= SA(i, j) - FA(i, j) \\
&= SZ(j) - D(i, j) - FZ(i)
\end{aligned}
$$

Beispiel 2.2.3: In den Abbildungen 2.2.-4 und 2.2.-5 sind die Ergebnisse einer Zeitplanung mit CPM dargestellt. Im Graphen sind die Verrichtungen als Pfeile dargestellt und Beginn- und Endtermine sind den aufsteigend numerierten Knoten zugeordnet. Gestrichelte Pfeile geben zusätzliche Vorrangbeziehungen wieder. Das Balkendiagramm verdeutlicht das Ergebnis nochmals aus zeitlicher Sicht.

Die *Kapazitätsplanung* setzt die Ergebnisse der Zeitplanung weiter um, indem sie die verfügbaren Resourcen und die benötig-

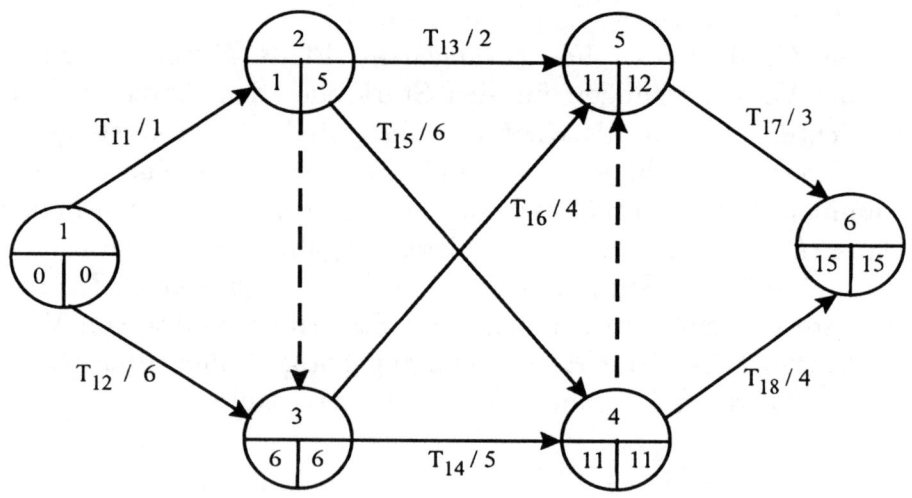

Abbildung 2.2.-4: *Terminierung mit CPM*

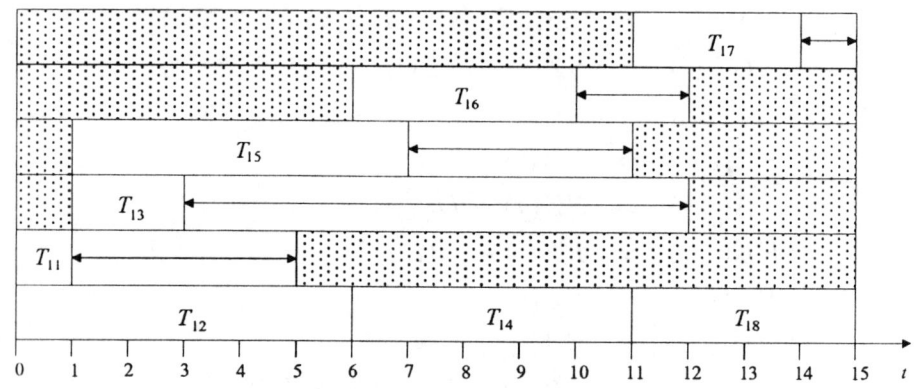

Abbildung 2.2.-5: *Balkendiagramm*

ten Kapazitäten berücksichtigt. Dazu wird neben der Klasse KA-
PAZITÄTSPLAN auch die Klasse RESSOURCE benötigt. RES-
SOURCE stellt das Kapazitätsangebot zur Verfügung, das dann
von KAPAZITÄTSPLAN für Reservierungen benutzt wird. Die
Bestimmung des Kapazitätsangebots erfolgt durch die Methoden
<Bestimme_Verfügbarkeit> und <Bestimme_Kapazität>.

RESSOURCE
{ Verfügbarkeit, Kapazität, Eignung }
< Bestimme_Verfügbarkeit, Bestimme_Kapazität >

Teilklassen: PROZESSOR, PERSONAL,
            WERKZEUG, SONSTIGE_RESSOURCEN

KAPAZITÄTSPLAN
{ Aufträge, Mengen, Zeiten, Ressourcen }
< Kapazitätsreservierung >

Die Klasse KAPAZITÄTSPLAN stellt die Methode <Kapazitätsreservierung> zur Verfügung. Diese ermittelt die entsprechend der Terminierung benötigten Ressourcenkapazitäten und stellt sie dem Kapazitätsangebot auf aggregierter Ebene gegenüber. Unter Berücksichtigung der Möglichkeiten kapazitativer *Anpassungsmaßnahmen* wie zeitlicher (Überstunden), quantitativer (zusätzliche Ressourcen) oder intensitätsmäßiger (höhere Arbeitsgeschwindigkeit) Art werden die Kapazitäten von *Ressourcengruppen* reserviert. Reichen kapazitative Anpassungsmaßnahmen nicht aus, muß eine Verlagerung der Aufträge auf von der Terminierung abweichende Perioden erfolgen. Bezogen auf das Beispiel 2.2.3 könnte das Ergebnis der Kapazitätsreservierung wie in Abbildung 2.2.-6 dargestellt aussehen. Zu beachten war dabei, daß Verrichtungen T_{12}, T_{14} und T_{18} einer Ressourcengruppe und die restlichen Verrichtungen einer anderen Ressourcengruppe zuzuordnen sind.

Manchmal werden Terminierung und Kapazitätsreservierung auch *simultan* durchgeführt. Auf Grund der damit verbundenen Komplexität wird aber überwiegend *sequentiell* geplant. Beispiele sequentiell arbeitender Terminierungs- und Reservierungsverfahren, die im Rahmen der Ausführungsplanung für Warenprozesse eingesetzt werden, sind OPT und die retrograde Terminierung. Bei OPT (Optimized Production Technology) wird der Graph in einen kritischen (Verrichtungen, die Engpaßkapazitäten beanspruchen) und einen unkritischen Teil zerlegt. Für den kritischen Teil

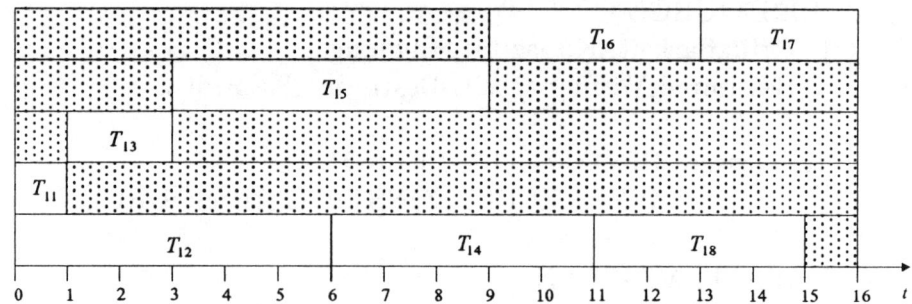

Abbildung 2.2.-6: *Ergebnis der Kapazitätsreservierung*

wird eine Vorwärtsterminierung durchgeführt und für den unkritischen eine Rückwärtsterminierung. Bei der retrograden Terminierung bestimmen die Erfüllungstermine der Aufträge die Inanspruchnahme der Ressourcen. Die Reservierung erfolgt auf Basis von Prioritätsziffern, wobei eine Rückwärtsterminierung der Aufträge entsprechend nicht steigender Prioritätsziffern erfolgt.

Die operative Auftragsplanung setzt nach der Auftragsfreigabe ein. Sie besteht aus Systeminitialisierung, Systembetrieb und Systemüberwachung. Da diese Aufgaben Schwerpunkt der Darstellung der folgenden Kapitel sind, sollen hier nur die entsprechenden Klassen eingeführt und ihnen die wichtigsten Methoden zugeordnet werden. Eine eingehende Erläuterung erfolgt im nächsten Kapitel.

SYSTEMINITIALISIERUNG
< Auftragsbildung, Prozessorengruppierung,
  Funktionszuordnung >

SYSTEMBETRIEB
< Einschleusung, Routenwahl, Prozessorbelegung >

SYSTEMÜBERWACHUNG
< Betriebsdatenerfassung, Soll_Ist_Vergleich >

2.3 Computerintegrierte Unternehmensprozesse

Das Konzept des computerintegrierten Unternehmensprozesses (CIB) zielt auf die Synchronisation von Waren- und Informationsprozessen aus ablauforientierter Sicht auf der Basis von verteilten, autonomen *Informations- und Kommunikationssystemen.* Ziel ist die Unterstützung aller Aktivitäten der Auftragsplanung auf Grundlage der durch die Prozeßplanung definierten Prozeßtypen.

Zur Umsetzung des CIB-Konzeptes bedarf es geeigneter Modelle für die Prozeß- und für die Auftragsplanung. In den vorangegangenen beiden Abschnitten ist ein mögliches Modell für die dispositiven Aufgaben schrittweise entworfen worden. In den Abbildungen 2.3.-1 und 2.3.-2 ist es nochmals dargestellt.

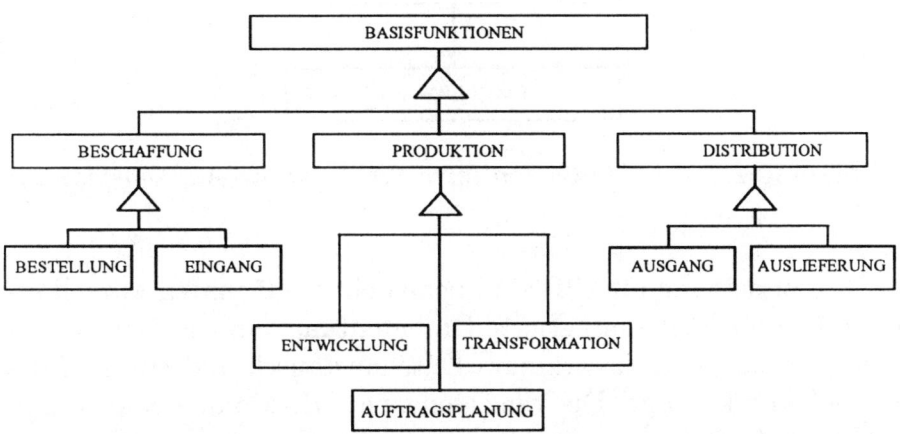

Abbildung 2.3.-1: *Klassenstruktur der Prozeßplanung*

Abbildung 2.3.-1. zeigt ein *Strukturmodell,* bei dem nur die einzelnen Klassen angegeben sind; Attribute und Funktionen können aus den vorangegangenen Abschnitten entnommen werden. Das in Abbildung 2.3.-2. dargestellte *Ablaufmodell* ist eine Expansion der Klasse AUFTRAGSPLANUNG, wobei die einzelnen Funktionen und ihr Input und Output den im vorangegangen Abschnitt definierten OOA-Klasen zu entnehmen sind.

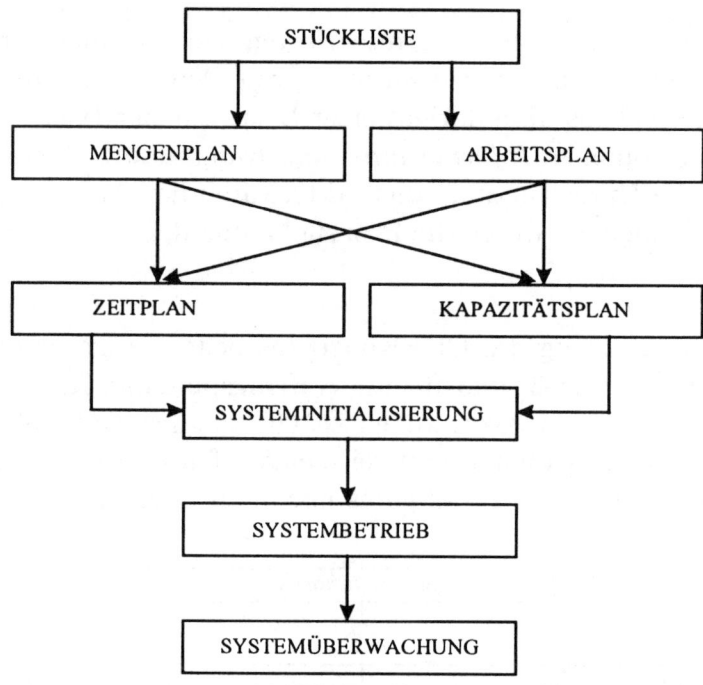

Abbildung 2.3.-2: *Ablauforientierte Sicht auf die Auftragsplanung*

Voraussetzung für CIB sind neben einer adäquaten Modellorientierung auch eine integrierte Datenhaltung, ein leistungsfähiges Kommunikationsnetzwerk zum Datenaustausch und ein modulares Softwarekonzept. Die verschiedenen CIB-Module sind in Abbildung 2.3.-3. dargestellt.

CIB zielt auf die rechnerunterstützte Integration der Durchführung von Unternehmensprozessen; im Mittelpunkt steht das Produkt mit seinen technischen und betriebswirtschaftlichen Anforderungen als Teil eines Auftrags. *CAE*- und *CAQ*-Module liefern *Strukturdaten* und Rahmenbedingungen in Form von Zeichnungen, Stücklisten, Arbeitsplänen sowie Qualitätsvorgaben. Betriebsdaten werden vom *CAM*-Modul bereitgestellt, und *PPS* über-

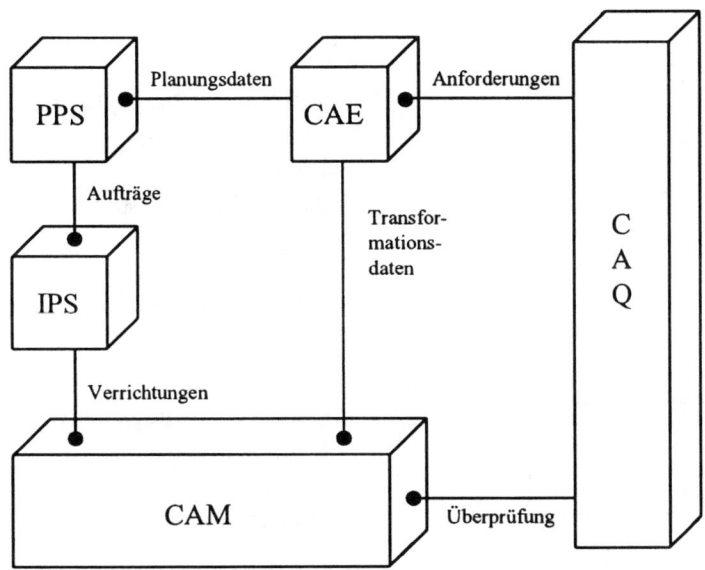

Abbildung 2.3.-3: *CIB-Module*

nimmt die *Mengenplanung* und *taktische* Ausführungsplanung (vgl.
[GGR92]). Die *operative* Ausführungsplanung wird durch das *IPS*-
Modul übernommen. Aus der Sicht einer *hierarchischen* Planung
übernimmt PPS die Mengen-, Zeit- und Kapazitätsplanung, IPS
die Systeminitialisierung, die Organisation des Systembetriebs und
die Systemüberwachung, und CAM liefert die Betriebsdaten und
sorgt für die Auftragsdurchführung. Somit werden das taktische
Prozeßmanagement insbesondere durch PPS und CAE unterstützt
und das operative durch IPS und CAM. Die Aufgaben der verschiedenen Ebenen und ihre Schnittstellen sind in Abbildung 2.3.-
4 dargestellt.

Eine wichtige Voraussetzung für das CIB-Konzept ist der Aufbau eines integrierten Datenbestands. Dieser muß die Aktualität
der Informationen für alle Entscheidungsebenen sicherstellen. Es
wird eine möglichst redundanzarme Speicherung der Daten an-
gestrebt. Diese Aufgabe übernimmt das *Datenbankverwaltungs-
system* (DBVS). Obwohl die Daten weiterhin physisch verteilt
abgelegt sein können, ist die logische Sicht auf die Daten zen-

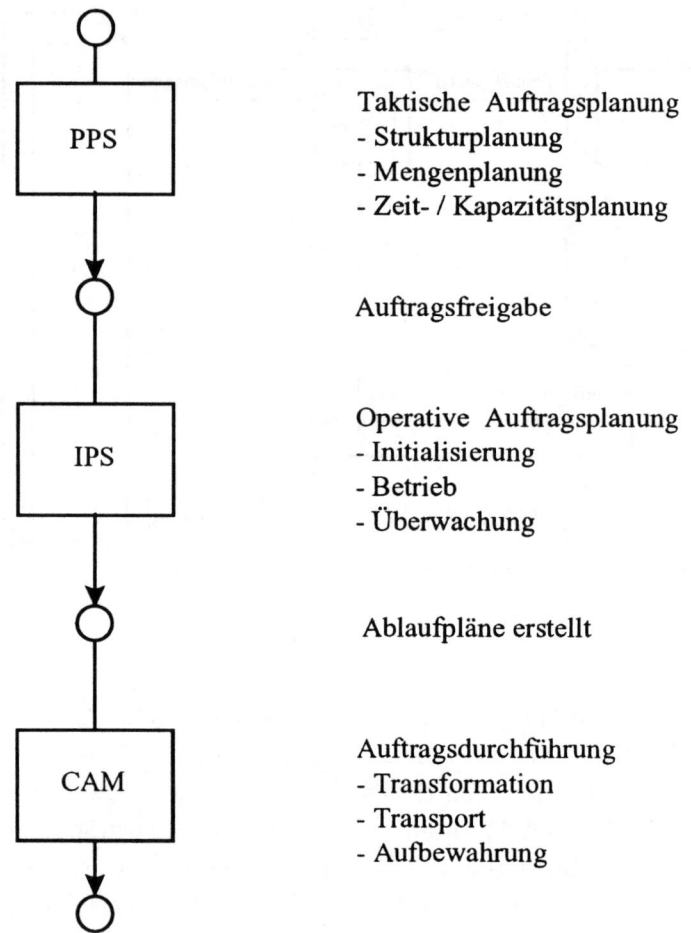

Abbildung 2.3.-4: *Taktische und operative Aufgaben*

tral, so daß alle Unternehmensprozesse auf eine *virtuelle* Datenbank zugreifen. Solche Datenbanksysteme müssen hohen Anforderungen bezüglich Datenschutz, Datensicherheit und Verfügbarkeit
genügen sowie sich durch kurze Zugriffszeiten auszeichnen. Die
Rolle eines integrierten Datenbestandes beim CIB-Konzept ist in
Abbildung 2.3.-5. dargestellt. Das zusätzlich eingeführte CAA-
Modul übernimmt Abrechnungsaufgaben.

Zentrale Aufgaben der operativen Ausführungsplanung sind

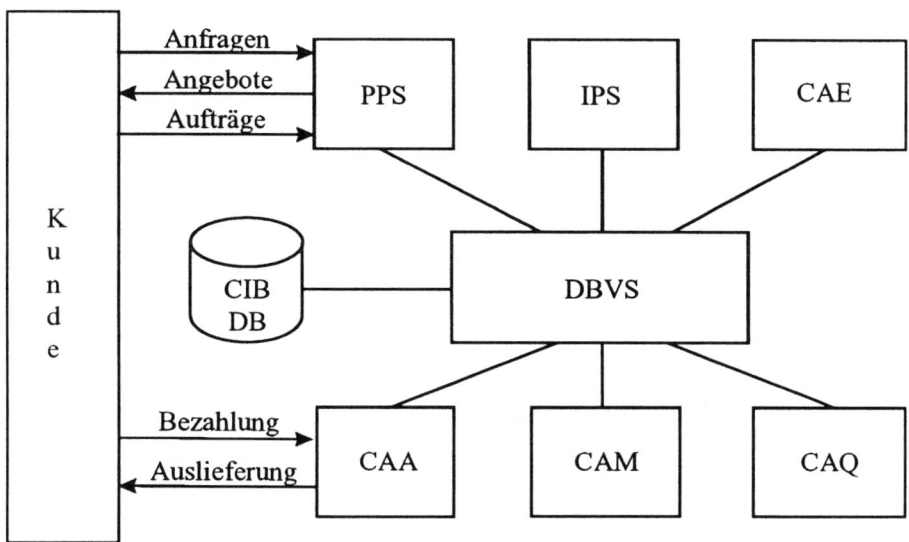

Abbildung 2.3.-5: *CIB und die Datenbank*

dem IPS-Modul zugeordnet. Besondere Bedeutung kommt dabei der Ablaufplanung zu. Computerunterstützung zur Lösung von Ablaufplanungsproblemen wird durch *Decision Support Systeme* geleistet [EGS97]. Solche Systeme sind häufig eingebettet in globale Informations- und Kommunikationssysteme für die Auftragsplanung. Im Bereich materieller Prozesse sind Decision Support Systeme in *Leitstandsysteme* [MS92] und im Bereich immaterieller Prozesse in *Workflowsysteme* [Bus96] integriert. Die Basisfunktionalität von Leitstand- und Workflowsystemen besteht aus Grunddatenverwaltung, Auftragsverwaltung, Ressourcenverwaltung, Ablaufplanung, Simulation, Überwachung und Beauskunftung, Betriebsdatenerfassung und Prozeßkontrolle, Controlling, Statistik, Archivierung sowie Verteilung und Koordination.

Kapitel 3

Ablauforientiertes Prozeßmanagement

Gegenstand dieses Kapitels ist die operative Auftragsplanung auf den Ebenen *off-line Planung* (OFP) und *on-line Steuerung* (ONS) mit dem Schwerpunkt Ablaufplanung. Die Schnittstelle zur taktischen Ebene ist die Freigabe der Aufträge aus zeitlicher Sicht. Wenn dieses Ereignis eingetreten ist, beginnt die operative Auftragsplanung. Dabei findet zunächst noch einmal eine detaillierte Überprüfung der Bearbeitungsvoraussetzungen der Aufträge statt. Die Freigabe kann erst dann bestätigt werden, wenn alle für die Bearbeitung benötigten Ressourcen tatsächlich verfügbar sind. Ist dies geschehen, sind die Aufgaben der Systeminitialisierung und des Systembetriebs durchzuführen. Im Rahmen der *Systeminitialisierung* müssen die Arbeitssysteme so eingerichtet werden, daß alle Verrichtungen eines Auftrags ausgeführt werden können. Jedoch muß nicht für alle Arbeitssysteme eine Initialisierung ex ante erfolgen. In vielen Fällen wird sie während des Systembetriebs vorgenommen und als Rüstvorgang auf einem Prozessor interpretiert. Häufig kommt es auch vor, daß nicht das ganze Arbeitssystem, sondern nur einzelne Prozessoren initialisiert werden. Im Rahmen des *Systembetriebs* werden die Aufträge den initialisierten Prozessoren aus zeitlicher Sicht zugeordnet. Der Betrieb der Arbeitssysteme wird durch die *Systemüberwachung* begleitet. Der aktuelle Bearbeitungszustand eines Auftrags muß jederzeit abrufbar sein; Abweichungen von Sollwerten müssen erkannt werden, damit bei Bedarf in den Systembetrieb eingegriffen und auf Störungen entsprechend reagiert werden kann.

Ausgangspunkt für die Systeminitialisierung sind die Transformationsanforderungen eines freigegebenen Auftragsvorrats. Normalerweise läßt sich dieser nicht unter nur einer einzigen Initialisierung durchführen, sondern er muß auf mehrere Initialisierungsintervalle aufgeteilt werden. Dies wird durch die *Auftragsbildung* erreicht. Dabei werden die unter einer Initialisierung zu fertigenden Aufträge nach Art und Anzahl festgelegt. Ausgehend von der Auftragsbildung sind die verfügbaren *Prozessoren zu gruppieren,* und ihre *Funktionalität* ist festzulegen. Eine gegebene Initialisierung muß immer dann überprüft und gegebenenfalls kurzfristig verändert werden, wenn die Bearbeitung eines Auftragstyps abgeschlossen ist, ein Eilauftrag eingeplant werden muß oder größere Störungen, wie beispielsweise Ausfälle von Prozessoren, eintreten. Im Rahmen einer vorausschauenden Betrachtungsweise ist dem Problem der optimalen Initialisierungswechsel Beachtung zu schenken. Hierbei wird eine möglichst gute Festlegung der einzelnen Initialisierungszeitpunkte für das Arbeitssystem und damit der Dauer der Initialisierungsperioden gesucht.

Ist das System initialisiert, so beginnt der Systembetrieb. Damit verbunden sind die folgenden Aufgaben. Die *Einschleusungsreihenfolge* der Aufträge in das System ist festzulegen, und die Auftragsbearbeitung innerhalb des Systems ist zu organisieren. Dazu müssen Entscheidungen bezüglich *Routenwahl,* d.h. der Auswahl einer zulässigen Prozessorenfolge für jeden Auftrag, und *Prozessorbelegung,* d.h. der zeitlichen Zuordnung von Aufträgen und zur Verfügung stehenden Prozessoren, getroffen werden. Ein generelles Ziel des Systembetriebs ist es, die Prozessoren so mit Aufträgen zu belegen, daß unnötige Wartezeiten sowohl der Prozessoren als auch der Aufträge vermieden werden.

Der geplante und der aktuelle Systemzustand werden durch die Systemüberwachung laufend gegenübergestellt. Dazu bedarf es einer on-line *Betriebsdatenerfassung* und eines laufenden *Soll-Ist-Vergleichs*. Das Aufgabenspektrum von Systeminitialisierung, Systembetrieb und Systemüberwachung im Rahmen der operativen Ausführungsplanung ist nochmals zusammenfassend in Tabelle 3.-1 dargestellt.

Systeminitialisierung	Systembetrieb	Systemüberwachung
Auftragsbildung Prozessorengruppierung Funktionszuordnung	Einschleusung Routenwahl Prozessorbelegung	Betriebsdatenerfassung Soll-Ist-Vergleich

Tabelle 3.-1: *Aufgaben der operativen Ausführungsplanung*

Das Bindeglied zwischen Initialisierung, Betrieb und Überwachung ist die *Ablaufplanung*, d.h. die zeitliche Zuordnung von Aufträgen zu Prozessoren. Zentrales Objekt der Ablaufplanung sind die *Verrichtungen* der Aufträge. Im folgenden soll angenommen werden, daß jeder Auftrag von einer Bestellung ausgelöst wird und sich auf ein Produkt bezieht, das abgeliefert werden muß. Im Mittelpunkt der Ausführungen in diesem Kapitel stehen Basismodelle zur Beantwortung der Frage, *wann welcher* Auftrag von *welchem* Prozessor bearbeitet werden soll, so daß zu beachtende Ziele möglichst gut erfüllt werden. Dabei wird weiterhin angenommen, daß

- das Arbeitssystem initialisiert ist (gegebene Arbeitsteilung),

- die Bearbeitung der Verrichtungen einem fest vorgegebenen Arbeitsplan folgt, d.h. Wahlmöglichkeiten basierend auf Alternativplänen ausgeschlossen sind und

- alle relevanten Problemparameter bekannt sind.

Den theoretischen Hintergrund zur Untersuchung solcher Probleme liefert die *Scheduling-Theorie*. Einen aktuellen Überblick über dieses Gebiet erhält man durch [BEPSW96], [Bru95], [Par95] und

[Pin95]. Ablaufplanungsprobleme können sowohl im *deterministischen* als auch im *stochastischen* Sinne formuliert werden. Hier sollen nur deterministische Problemstellungen Berücksichtigung finden; zur Analyse von stochastischen Problemstellungen sei auf [Wei92] verwiesen.

3.1   Modelle der Ablaufplanung

Ziel der Ablaufplanung ist die optimale zeitliche Allokation von Aufträgen und Prozessoren unter Berücksichtigung einzuhaltender Nebenbedingungen. Solche Probleme zeichnen sich durch eine hohe Komplexität aus. Die Eingabedaten sind dynamisch und unterliegen laufenden Veränderungen. Die Instabilität der Problemstellung macht häufig Revisionen nötig, wobei existierende Lösungen kontinuierlich überarbeitet und angepaßt werden müssen. Problemlösungsverfahren, die dies erreichen wollen, müssen schnell sein. Verfahren mit langen Rechenzeiten sind für praktische Anwendungen meistens nicht geeignet.

Zur Lösung von Ablaufplanungsproblemen benutzt man *Modelle*, d.h. Abstraktionen der Wirklichkeit, die die jeweilige Planungssituation möglichst gut abbilden sollen. Eine gängige Einteilung bezüglich des Anwendungsbereichs unterscheidet *konstruktive* und *deskriptive* Modelle [Sch96a]. Ein konstruktives Modell benutzt eine Menge von Restriktionen und Zielkriterien zur Erzeugung einer oder mehrerer Lösungen im Sinne der Frage "was muß passieren, damit ...?". Ein deskriptives Modell benutzt eine Menge von Entscheidungen und untersucht das Verhalten des abgebildeten Systems entsprechend der Überlegung "was passiert, wenn ...?".

Für die Ablaufplanung werden konstruktive Modelle benutzt, um möglichst gute Problemlösungen zu finden, während man mit deskriptiven Modellen Entscheidungsalternativen evaluiert. Deskriptive Modelle stellen somit ein Werkzeug für den Entscheidungsträger dar, um ein besseres Verständnis für die in Betracht gezogenen Problemlösungen zu gewinnen. Zur Untersuchung von deskriptiven Modellen für Ablaufplanungsprobleme bedient man sich analytischer Techniken aus der *Warteschlangentheorie* [Kle75] auf aggregierter Ebene und der *Simulation* [Bul82] auf detaillierter Ebene. Analytische Techniken erlauben, ohne Modellexperimente durchführen zu müssen, Rückschlüsse auf das Verhalten des realen Systems mit einem geringen Aufwand für Datenbereitstellung und Rechenzeit. Konstruktive Modelle für Ablaufplanungsprobleme werden durch Algorithmen, die der *kombinatorischen Optimierung* zugerechnet werden können, und mit Hilfe wissensbasierter Ansätze gelöst. *Wissensbasierte Methoden* versuchen, praktische Erfahrungen für die Formulierung und die Lösung des Problems auszunutzen.

Der Vorteil von deskriptiven Modellen liegt in der Möglichkeit, genauere Einsichten in die Dynamik des Systemverhaltens zu gewinnen; der von konstruktiven Modellen besteht darin, daß sich mit ihrer Hilfe tatsächlich Lösungen generieren lassen, aus denen dann oftmals auch Strategien ableitbar sind. Ein Nachteil aller deskriptiven Modelle ist es, daß sie keine direkte Lösungsfindung für die Probleme unterstützen, sondern nur Auswirkungen vorgegebener Strategien auf das Verhalten analysieren können. Zwar kann man versuchen, im Rahmen eines, je nach Detaillierungsgrad des Modells, zeit- und kostenaufwendigen Iterationsprozesses immer bessere Strategien zu generieren, jedoch ist der Erfolg eines solchen Vorgehens von den jeweiligen Testvorgaben abhängig. Der Nachteil der konstruktiven Modelle besteht darin, daß sich mit ihnen das Systemverhalten in seiner Dynamik, wenn überhaupt, nur sehr ungenau abbilden läßt und aus praktischer Sicht meistens nur gut verstandene Fragestellungen untersucht werden können. Eine wechselseitige *Kopplung* beider Modelltypen kann die genannten Nachteile vermeiden und ihre Vorteile verbinden. Die Qualität konstruktiv erzeugter Lösungen kann mit Hilfe deskriptiver Modelle evaluiert werden. Mit den daraus gewonnenen Erkenntnissen läßt sich das konstruktive Modell so lange verbessern, bis man eine befriedigende Lösung gefunden hat.

In vielen Fällen ist zu Beginn des Planungsprozesses noch unklar, welche Randbedingungen bei der Lösungsfindung zu berücksichtigen sind. Hier bietet sich der Weg an, daß man, wie bei Simulationsexperimenten, zunächst versucht, mit Hilfe deskriptiver Modelle eine Intuition für die relevanten Problemparameter zu erhalten, die dann als Vorgaben in einem konstruktiven Modell berücksichtigt werden. Die Wechselwirkung beider Modelltypen ist in Abbildung 3.1.-1. dargestellt.

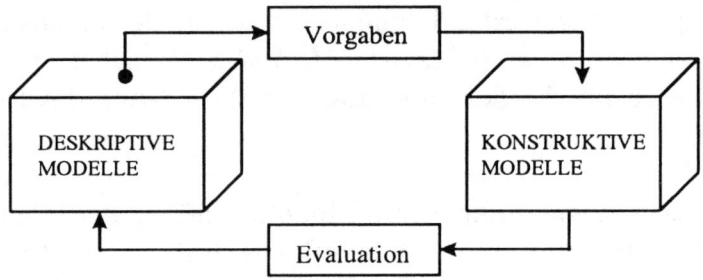

Abbildung 3.1.-1: *Synthese deskriptiver und konstruktiver Modelle*

Ausgangspunkt der Ablaufplanung sind die Ergebnisse der Initialisierung, bezogen auf Auftragsbildung, Prozessorengruppierung und Funktionszuordnung. Idealerweise basiert die Ablaufplanung genau auf den Aufträgen und den Prozessoren, die das Ergebnis der Initialisierung sind. Alle zu bearbeitenden Aufträge betreten das System *logisch* durch eine Eingabestation und verlassen es wieder nach der Bearbeitung über eine Ausgabestation. Jeder Auftrag besteht aus einer Menge von Verrichtungen, deren Reihenfolge den aus den Arbeitsplänen bekannten Vorrangbeziehungen unterliegt. Die Möglichkeiten der Auftragsbearbeitung liegen zwischen den folgenden beiden Extrema. Entweder lassen sich alle Verrichtungen eines Auftrags ohne Prozessorenwechsel durchführen, oder jede Verrichtung eines Auftrags muß auf einem anderen Prozessor ausgeführt werden. Beide Fälle lassen sich insofern noch weiter unterscheiden, daß mehrere Prozessoren Kandidaten für eine Verrichtungsdurchführung sein können oder daß für jede Verrichtung nur ein einziger Prozessor in Frage kommt.

Ablaufplanungsprobleme lassen sich, wie schon erwähnt, in die drei Teilprobleme Einschleusung in das Arbeitssystem, Routenwahl und Prozessorbelegung zerlegen. Für die *Einschleusung* müssen die Reihenfolge und die Zeitpunkte, in der bzw. zu denen die Aufträge in das System eintreten, festgelegt werden. *Routenwahl* bedeutet, aus einer Menge möglicher Prozessoren einen für den nächsten Bearbeitungsschritt auszuwählen. Die *Prozessorbelegung* hat die Aufgabe, die Reihenfolge der Bearbeitung der Aufträge durch den jeweiligen Prozessor festzulegen und darüber hinaus Bearbeitungsbeginn und -ende jeder Verrichtung zeitlich zu fixieren. Da sich die Ziele gleichermaßen auf jedes der drei Teilprobleme beziehen und diese interdependent sind, ist es häufig angeraten, das Ablaufplanungsproblem nicht *sequentiell*, sondern *simultan* zu lösen.

Ablaufplanungsprobleme können aus deterministischer und stochastischer bzw. statischer und dynamischer Sicht formuliert werden. Ein Problem ist *deterministisch*, wenn jedem Problemparameter eine Eintrittswahrscheinlichkeit gleich eins zugewiesen werden kann; es ist *stochastisch*, wenn die Beschreibung der Parameter durch Verteilungsfunktionen erfolgt. Ein Problem ist *statisch*, wenn die vorliegenden deterministischen oder stochastischen Inputdaten sich im Zeitverlauf nicht ändern. Lassen sich solche Änderungen nicht ausschließen, bezeichnet man ein Problem als *dynamisch*. So wird zwar im Rahmen der Systeminitialisierung eine Auswahl bezüglich der zu bearbeitenden Aufträge getroffen, doch ist in der Realität eine solche Auftragsbildung meistens nicht endgültig. Im Zeitverlauf können sich noch dadurch Änderungen ergeben, daß manche Aufträge storniert werden und neue Aufträge hinzukommen, wodurch das anfänglich vielleicht statische Problem immer dynamische Strukturen aufweist. Das gleiche gilt für den ursprünglich deterministischen Aspekt der Problemformulierung. Durch Störungen des Systems, mögliche Nacharbeiten und andere nicht genau vorhersehbare Ereignisse ist eine deterministische Beschreibung der Probleme der Ablaufplanung immer durch stochastische Aspekte überlagert.

Unter gewissen Annahmen lassen sich dynamisch-stochastische Probleme in eine Serie von statisch-deterministischen Problemen verwandeln und auf *rollierender* Basis lösen. Dabei wird zu jedem Zeitpunkt nur die gerade bekannte Problemsituation abgebildet und deterministisch beschrieben. Dies ist nötig, da sich die meisten Ablaufplanungsprobleme in ihrer detaillierten Form einer handhabbaren stochastischen Beschreibbarkeit entziehen. Der Realität entsprechende Verteilungsfunktionen der Problemparameter lassen sich meistens nicht angeben. Somit ist man auf Schätzungen, basierend auf Erfahrungswerten angewiesen, die dann als deterministische Größen interpretiert werden. Mit der Automatisierung von Prozessen ist die Verlagerung eines Großteils der stochastischen Rahmenbedingungen auf deterministische zu beobachten.

Ablaufplanungsprobleme können in Abhängigkeit vom Status des Arbeitssystems noch weiter in Probleme bei *leeren* und Probleme bei *belegten* Systemen unterschieden werden. Probleme bei leeren Systemen treten dann auf, wenn nach der Bearbeitung eines gegebenen Auftragsvorrats das gesamte System neu initialisiert wird. Probleme bei belegten Systemen liegen beispielsweise dann vor, wenn entweder nur ein Teil der verfügbaren Prozessoren umgerüstet wird und die Bearbeitung auf anderen Prozessoren weitergeht, nicht vorhersehbare Eilaufträge eingeplant werden müssen, Nacharbeiten anfallen oder andere Eingriffe in ein laufendes System vorgenommen werden.

Statische Problemformulierungen bilden den Rahmen der *OFP*. Die Systemdynamik wird hauptsächlich auf der Ebene der *ONS* berücksichtigt. Obwohl dynamische Problemformulierungen häufig mit belegten Systemen einhergehen, gibt es auch statische Probleme bei belegten Systemen wie beispielsweise das der deterministisch rollierenden Planung.

Häufig wird Kritik an der Verwendung von deterministischen Problemparametern geübt. Als Entgegnung auf diese Kritik läßt sich anführen, daß, abgesehen von einer Berechtigung für sich, eine deterministische Problemformulierung der folgenden Motivation entspricht.

1. Problemparameter können als pessimistische Abschätzungen so interpretiert werden, daß der tatsächliche Plan nur besser werden kann.

2. Problemparameter können als durchschnittliche Werte interpretiert werden.

3. Problemparameter kommen aus einer rollierenden Planung. Dies führt zu permanenten Revisionen via deterministischer Modelle, wobei existierende Lösungen kontinuierlich überarbeitet und angepaßt werden.

4. Deterministische Modelle machen Verfahren mit kurzer Laufzeit möglich.

Im folgenden sollen die wichtigsten Elemente von deterministischen Modellen der Ablaufplanung dargestellt werden. Neben einer formalen Definition erfolgt eine objektorientierte Beschreibung. Jede Klasse wird wieder durch das Tripel (KLASSE { Attribut } < Methode >) beschrieben. Die genannten Attribute und Methoden sowie deren jeweilige Ausprägungen dienen der beispielhaften Erläuterung des Modells und erheben nicht den Anspruch der Vollständigkeit.

(1) Menge J von n Aufträgen mit $J = \{J_1, ..., J_n\}$

AUFTRAG
{ Auftragsnummer, Produkt, Kosten (Rüst-,
  Lagerkostensatz), Menge, Arbeitsplan,
  Prozessorenmenge, Prozessorenliste, Freigabetermin,
  Abgabetermin, Priorität, Status }
< Einschleusung, Routenwahl, Prozessorbelegung,
  Fortschrittskontrolle >

Das Attribut {Prozessorenmenge} gibt an, welche Prozessoren für die Bearbeitung des Auftrags geeignet sind; der Wert des Attributs {Prozessorenliste} ist eine geordnete Liste, deren Elemente eine Teilmenge der Werte von {Prozessorenmenge} sind; er gibt an, von welchen Prozessoren der Auftrag in welcher Reihenfolge bearbeitet wird.

(2) Menge P von m Prozessoren mit $P = \{P_1, P_2, ..., P_m\}$

PROZESSOR
{ Prozessornummer, Verfügbarkeit, Geschwindigkeit,
  Kapazität, Eignung, Auftragsliste }
< Bestimme_Verfügbarkeit, Bestimme_Kapazität >

Das Attribut {Eignung} tritt in den folgenden Ausprägungen auf:

- parallele (gleiche Funktionalität) Prozessoren; bezüglich ihrer Effizienz unterscheidet man weiter *identische* (gleiche Leistung), *proportionale* (neue und alte Prozessoren) und *beliebige* (für einige Verrichtungen geeigneter als für andere) Prozessoren. Beispiele sind Pools mit Prozessoren gleicher Funktionalität.

- spezialisiert (unterschiedliche Funktionalität) als *Flow Shop*, *Open Shop* oder *Job Shop*. Ein Arbeitssystem kann als Shop bezeichnet werden, wenn jeder Auftrag J_j aus einer Menge von $n(j)$ Verrichtungen T_{1j}, T_{2j}, ..., $T_{n(j)j}$ besteht. Dabei werden verschiedene Verrichtungen eines Auftrags auch durch verschiedene Prozessoren bearbeitet.

  Open Shop: $n(j) = m$, $j = 1, 2, ..., n$; T_{1j} wird von P_1 bearbeitet, T_{2j} von P_2 etc.;

  Flow Shop: $n(j) = m$, $j = 1, 2, ..., n$; T_{1j} wird von P_1 bearbeitet, T_{2j} von P_2 etc. und T_{i-1j} muß vor T_{ij} bearbeitet werden, $i = 2, ..., n(j)$;

Job Shop: $n(j) = m$, $j = 1, 2, ..., n$; T_{ij} muß nicht von P_i bearbeitet werden, aber T_{i-1j} muß vor T_{ij} bearbeitet werden, $i = 2, ..., n(j)$;

Beispiele sind Zellen mit Prozessoren sich ergänzender Funktionalität. Müssen alle Aufträge in der Reihenfolge T_x, T_y, T_z durchgeführt werden, liegt ein Flow-Shop mit $m = 3$ vor. Ist T_x, T_y, T_z oder auch T_y, T_x, T_z für verschiedene Aufträge möglich, liegt ein Job-Shop mit $m = 3$ vor und ist eine beliebige Reihenfolge der Verrichtungen eines Auftrags zulässig, so handelt es sich um einen Open-Shop mit $m = 3$.

(3) Menge T von n Verrichtungen mit $T = \{T_1, T_2, ..., T_n\}$

VERRICHTUNG
{Verrichtungsnummer, Prozessoren, Ressourcen,
  Bearbeitungsdauer, Unterbrechbarkeit, Beginntermin,
  Endtermin, Deadline, Priorität, Vorgänger,
  Nachfolger, Status }
< Bestimme_Termine >;

Das Attribut {Prozessoren} gibt an, welche Prozessoren die Verrichtung durchführen können. Sein Wert ist eine Teilmenge des Wertes des Attributs {Prozessorenmenge} der Klasse AUFTRAG. Das Attribut {Bearbeitungsdauer} läßt sich durch einen Vektor von Bearbeitungszeiten $p_j = [p_{1j}, p_{2j}, ..., p_{mj}]^T$ mit p_{ij} als Bearbeitungszeit von T_j auf einem Prozessor P_i beschreiben. Unter Berücksichtigung der Eignung der Prozessoren ergibt sich bei

- identischen Prozessoren $p_{ij} = p_j$,

- proportionalen Prozessoren $p_{ij} = p_j/b_i$ mit p_j als Basisbearbeitungszeit, gemessen auf dem langsamsten Prozessor, und b_i als Geschwindigkeitsfaktor von P_i,

- Shops $p_j = [p_{1j}, p_{2j}, ..., p_{n(j)j}]^T$, wobei p_{ij} die Bearbeitungszeit von T_{ij} auf dem entsprechenden Prozessor angibt.

Die Attribute {Beginntermin} und {Endtermin} beschreiben die Startzeit r_j bzw. den due-date d_j, zu denen die Bearbeitung von T_j begonnen werden kann bzw. sie abgeschlossen sein sollte. *Muß* die Bearbeitung zu einem gegebenen Termin abgeschlossen sein, drückt dies das Attribut {Deadline} aus. Das Attribut {Priorität} bezeichnet ein Gewicht w_j, das die Bedeutung von T_j ausdrückt; w_j wird häufig vom Auftrag J_j abgeleitet. Das Attribut {Ressourcen} bezieht sich auf den zusätzlichen Ressourcenbedarf einer Verrichtung. Bei {Unterbrechbarkeit} unterscheidet man Unterbrechbarkeit auf dem gleichen oder auf verschiedenen Prozessoren.

Die Attribute {Vorgänger} und {Nachfolger} drücken eine Präzedenz $T_i < T_j$ ($J_i < J_j$) aus, d.h. T_i muß beendet sein, bevor mit T_j begonnen werden kann. Die Repräsentation dieser Attribute erfolgt häufig als gerichteter Graph, bei dem die Verrichtungen als Knoten und die Vorrangbeziehungen als Pfeile abgebildet werden oder umgekehrt. Verrichtung T_j ist ausführbar zum Zeitpunkt t wenn $r_j \leq t$ und alle Vorgänger bearbeitet worden sind. Das folgende Beispiel zeigt eine pfeilorientierte Darstellung.

Beispiel 3.1.1: In Abbildung 3.1.-2. sind Verrichtungen, Bearbeitungsdauern und Vorrangbeziehungen dargestellt. Die Knoten stellen Ereignisse dar, die durchgezogenen Pfeile repräsentieren Verrichtungen; die gestrichelten Pfeile dienen dazu, zusätzliche Vorrangbeziehungen zu repräsentieren.

Entsprechend der GPN-Notation lassen sich die einzelnen Verrichtungen mit den Tripeln (Produzent, Ressourcen, Inputdaten) und (Kunde, Produkt, Outputdaten) markieren; eine Ausprägung wäre (Organisationseinheit, Prozessoren, Beginntermin) und (Organisationseinheit, Komponente, Endtermin). In der folgenden Tabelle 3.1.-1 sind jeweils zwei Tripel einem Pfeil zugeordnet. Alle Komponenten Kj müssen von der Organisationseinheit $A12$ für den Kunden $B11$ erstellt werden. Es können nur Prozessoren vom Typ PH eingesetzt werden. Alle Verrichtungen haben den gleichen Beginn- aber unterschiedliche Endtermine.

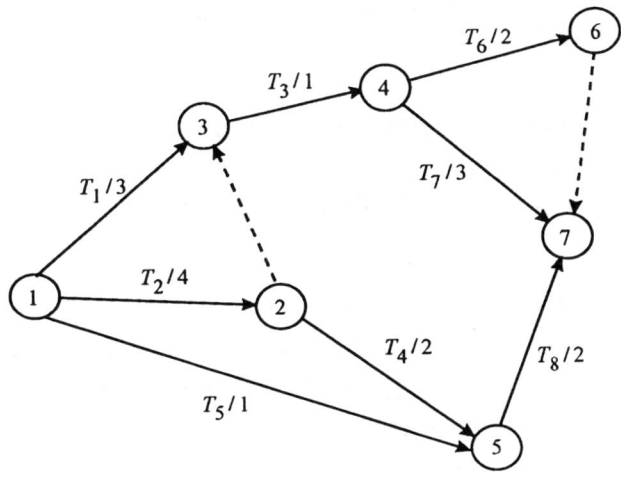

Abbildung 3.1.-2: *Pfeilorientierte Darstellung eines Auftrags*

(x, y)	x-Tripel	y-Tripel
$(1, 2)$	$(A12, PH, 0)$	$(B11, K2, 4)$
$(1, 3)$	$(A12, PH, 0)$	$(B11, K1, 5)$
$(1, 5)$	$(A12, PH, 0)$	$(B11, K5, 7)$
$(2, 5)$	$(A12, PH, 0)$	$(B11, K4, 3)$
$(3, 4)$	$(A12, PH, 0)$	$(B11, K3, 5)$
$(4, 6)$	$(A12, PH, 0)$	$(B11, K6, 6)$
$(4, 7)$	$(A12, PH, 0)$	$(B11, K7, 9)$
$(5, 7)$	$(A12, PH, 0)$	$(B11, K8, 12)$

Tabelle 3.1.-1: *Markierung der Pfeile des Beispiels*

(4) Gesuchter Plan für Prozessoren und Verrichtungen

ABLAUFPLAN
{ Ziele, Bedingungen, Prozessoren, Verrichtungen,
  Gantt_Chart }
< Charakterisiere_Problem, Erzeuge_Plan >

Ein Ablaufplan beschreibt die zeitliche Zuordnung von Prozessoren und eventuell zusätzlichen Ressourcen zu Verrichtungen von Aufträgen, so daß gegebene Ziele möglichst gut erfüllt und die folgenden {Bedingungen} eingehalten werden:

- zu jedem Zeitpunkt ist jeder Prozessor nur einem Auftrag zugeordnet, und jeder Auftrag ist nur einem Prozessor zugeordnet,

- Verrichtung T_j muß im Zeitintervall $[r_j, \infty)$ durchgeführt werden,

- alle Aufträge müssen bearbeitet werden und

- für jedes Paar T_i, T_j mit $T_i < T_j$ muß T_i abgeschlossen sein bevor mit T_j begonnen wird.

Die Ausprägungen des Attributs {Ziele} müssen mit denen der übrigen Teile der Ausführungsplanung abgestimmt werden. Zwar beziehen sich betriebswirtschaftliche *Ziele* in ihrer allgemeinsten Form immer auf gewinn- und kostenorientierte Aspekte wie beispielsweise die Maximierung des Durchsatzes oder die Minimierung der Kapitalbindung. Um diese Zielsetzungen aber operational umsetzen zu können, werden sie häufig durch sogenannte *reguläre Kriterien* ersetzt, die eine Funktion des Bearbeitungsendes C_j der einzelnen Aufträge sind. Danach sollen die Ausprägungen des Attributs {Ziele} hier den folgenden Gruppen zugeordnet werden.

1. Fertigstellungstermin eines Auftrags
   C_j: $\sum C_j$, $\sum C_j/n$, $\sum w_j C_j$, C_{max};

2. Durchlaufzeit (Systemverweilzeit) eines Auftrags
   $F_j = C_j - r_j$: $\sum F_j$, $\sum F_j/n$, $\sum w_j F_j$;

3. Terminabweichung eines Auftrags
   $L_j = C_j - d_j$: $\sum L_j$, $\sum L_j/n$, $\sum w_j L_j$, L_{max};

4. Verspätung eines Auftrags
   $D_j = \max\{0, L_j\}$: $\sum D_j$, $\sum D_j/n$, $\sum w_j D_j$, D_{max};

5. Anzahl der verspäteten Aufträge
   $U = \sum U_j$ mit $U_j = 1$ falls $C_j > d_j$;

6. Wartezeit eines Auftrags
   $W_j = F_j - \sum_{i=1}^{m} p_{ij}$;

7. Wartezeit von Prozessoren
   $I_i = C_{max} - A_i$ mit A_i als aktive Zeit von P_i: $\sum I_i$;

8. Durchschnittliche Prozessorenauslastung
   $N = \sum_{i=1}^{m} A_i/m \cdot C_{max}$;

9. Anzahl Umrüstvorgänge
   $CO : \sum CO$.

Es wurde teilweise schon erwähnt, daß zwischen den obigen Zielen der Ablaufplanung die folgenden *Beziehungen* bestehen [RK76]:

(1) $C_{max}, \sum I_i$ und N sind äquivalent.

(2) $\sum C_j, \sum C_j/n, \sum F_j, \sum F_j/n, \sum L_j, \sum L_j/n, \sum W_j$ und $\sum W_j/n$ sind äquivalent.

(3) $\sum w_j C_j, \sum w_j F_j, \sum w_j L_j$, und $\sum w_j W_j$ sind äquivalent.

(4) Optimalität bezüglich L_{max} bedeutet auch Optimalität bezüglich D_{max}.

Daraus abgeleitet lassen sich komplementäre Strategien bezüglich der Zielerreichung ableiten. Zur Behandlung der in (1)-(4) unterschiedenen sechzehn Fälle reichen vier Strategien aus. Die wichtigsten Kriterien, für die individuelle Strategien gefunden werden müssen, sind C_{max}, $\sum C_j$, $\sum w_j C_j$, L_{max}, $\sum D_j$, $\sum w_j D_j$, $\sum U_j$ und $\sum CO$.

Zur Erläuterung der bisherigen Ausführungen soll der in Abbildung 3.1.-3 dargestellte Ablaufplan dienen. Er zeigt eine mögliche zeitliche Zuordnung der in Beispiel 3.1.1 dargestellten Verrichtungen unter der Annahme, daß drei Prozessoren vom Typ PH für die Bearbeitung zur Verfügung stehen, von denen jeder sämtliche Verrichtungen des Auftrags ausführen kann. Eine solche graphische Darstellung eines Ablaufplans heißt Gantt-Chart.

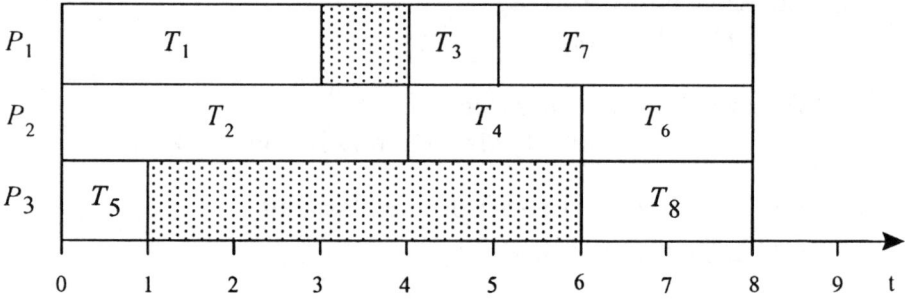

Abbildung 3.1.-3: *Beispiel eines Ablaufplans als Gantt-Chart*

Es seien $r = [0, 0, 0, 0, 0, 0, 0, 0,]$ und $d = [5, 4, 5, 3, 7, 6, 9, 12]$ die Vektoren, die die gegebenen Beginn- und Endtermine angeben. Damit lassen sich die folgenden, in Tabelle 3.1.-2. dargestellten Informationen aus Abbildung 3.1.-3 ablesen.

3.2   Referenzmodelle

Referenzmodelle lassen sich als Blaupausen für ausgewählte Problemtypen interpretieren, die allgemein genug sind, damit sich die meisten Problemausprägungen in diesen Modellen wiederfinden lassen. Hier sollen *Referenzmodelle* für die Ablaufplanung beschrieben werden. Eine wesentliche Rolle spielt dabei ein von [GLLRK79] initiiertes Klassifizierungsschema, das auch die bisher vorgestellten Problemcharakteristika berücksichtigt. Das Schema

Bearbeitungsende C_j	$C = [3, 4, 5, 6, 1, 8, 8, 8]$
Durchlaufzeit $F_j = C_j - r_j$	$F = C$
Endtermin-Abweichung $L_j = C_j - d_j$	$L = [-2, 0, 0, 3, -6, 2, -1, -4]$
Verspätung $D_j = \max\{C_j - d_j, 0\}$	$D = [0, 0, 0, 3, 0, 2, 0, 0]$
Planlänge $C_{max} = \max\{C_j\}$	$C_{max} = 8$
mittlere Durchlaufzeit $MF = \sum F_j/n$	$MF = 43/8$
maximale Terminabweichung $L_{max} = \max\{L_j\}$	$L_{max} = 3$
mittlere Verspätung $MD = \sum D_j/n$	$MD = 5/8$
verspätete Verrichtungen $U = \sum U_j$	$U = 2$

Tabelle 3.1.-2: *Evaluation des Ablaufplans aus Abb. 3.1.-3*

kann als Checkliste bei der Erstellung von Referenzmodellen für die Ablaufplanung dienen. Basis ist die Drei-Felder-Notation $\alpha \mid \beta \mid \gamma$.

$\alpha = \alpha_1, \alpha_2, \alpha_3$ beschreibt die Prozessoren mit

- $\alpha_1 \in \{\emptyset, P, Q, R, F, J, O\}$ beschreibt den Prozessorentyp; P, Q und R stehen für parallele Prozessoren mit identischen, proportionalen und beliebigen Geschwindigkeiten; F, J und O stehen für spezialisierte Prozessoren als Flow Shop, Job Shop oder Open Shop.

- $\alpha_2 \in \{\emptyset, k\}$ beschreibt die Anzahl der Prozessoren; es wird angenommen, daß das Problem entweder für eine beliebige Anzahl von Prozessoren definiert ist ($\alpha_2 = \emptyset$) oder genau k

Prozessoren zur Verfügung stehen ($\alpha_2 = k$).

- $\alpha_3 \in \{\emptyset, NC\}$ beschreibt die Verfügbarkeit der Prozessoren; entweder sind die Prozessoren kontinuierlich verfügbar ($\alpha_3 = \emptyset$), oder sie sind nur in bestimmten Intervallen verfügbar ($\alpha_3 = NC$).

$\beta = \beta_1, \beta_2, \beta_3, \beta_4, \beta_5, \beta_6$ und beschreibt die Verrichtungen mit

- $\beta_1 \in \{\emptyset, pmtn\}$; Verrichtungen dürfen nach Beginn ihrer Bearbeitung entweder nicht ($\beta_1 = \emptyset$) oder beliebig oft unterbrochen werden ($\beta_1 = pmtn$).

- $\beta_2 \in \{\emptyset, res\}$; zur Durchführung der Verrichtungen werden entweder nur die verfügbaren Prozessoren ($\beta_2 = \emptyset$) oder noch zusätzliche Ressourcen ($\beta_2 = res$) benötigt.

- $\beta_3 \in \{\emptyset, prec, tree, chain\}$; die Verrichtungen unterliegen keinen ($\beta_3 = \emptyset$) oder gegebenen Vorrangbeziehungen. Diese können entweder ganz allgemeiner Art sein ($\beta_3 = prec$), oder als Baum ($\beta_3 = tree$) oder als Verrichtungskette ($\beta_3 = chain$) auftreten.

- $\beta_4 \in \{\emptyset, r_j\}$; entweder kann jede Verrichtung zu jedem beliebigen Zeitpunkt beginnen ($\beta_4 = \emptyset$), oder es müssen gegebene Beginntermine eingehalten werden ($\beta_4 = r_j$).

- $\beta_5 \in \{\emptyset, p_j = p, \tilde{p} \le p_j \le \hat{p}\}$; die Verrichtungen haben entweder beliebige Bearbeitungsdauern ($\beta_5 = \emptyset$), oder konstante Bearbeitungsdauern ($\beta_5 = p_j = p$), oder ihre Bearbeitungsdauern sind nach unten und nach oben beschränkt ($\beta_5 = (\tilde{p} \le p_j \le \hat{p})$).

- $\beta_6 \in \{\emptyset, \tilde{d}\}$; entweder darf die Verrichtungen zu jedem beliebigen Zeitpunkt abgeschlossen werden ($\beta_6 = \emptyset$), oder eine Deadline ist einzuhalten ($\beta_6 = \tilde{d}$).

γ beschreibt die Optimalitätskriterien mit

- $\gamma \in \{-, C_{max}, \sum C_j, \sum w_j C_j, L_{max}, \sum U_j, \sum CO\}$; entweder wird nur nach zulässigen Plänen gesucht ($\gamma = -$), oder es sollen die folgenden Ziele minimiert werden: die Planlänge ($\gamma = C_{max}$), die Summe der Fertigstellungstermine ($\gamma = \sum C_j$), die Summe der gewichteten Fertigstellungstermine ($\gamma = \sum w_j C_j$), die maximal auftretende Terminabweichung ($\gamma = L_{max}$), die Anzahl der verspäteten Aufträge ($\gamma = \sum U_j$), die Anzahl der Umrüstvorgänge ($\gamma = \sum CO$).

Beispiel 3.2.1: $P \parallel C_{max}$ bedeutet, daß eine Menge von Verrichtungen einer beliebigen Anzahl von Prozessoren so zuzuordnen ist, daß die Planlänge minimiert wird. $Fm \mid pmtn, r_j \mid \sum C_j$ bedeutet, daß für einen Flow Shop mit m Stufen eine Menge von Verrichtungen so einzuplanen ist, daß die Summe der Durchlaufzeiten minimiert wird. Zu beachten ist weiterhin, daß jede Verrichtung erst nach ihrem Freigabetermin begonnen werden kann und daß sie während der Durchführung beliebig unterbrochen werden kann.

In Abbildung 3.2.-1 sind die Beziehungen verschiedener Parameter von Ablaufplanungsproblemen als gerichtete Graphen dargestellt. Werden zwei Knoten v und w durch einen Pfeil verbunden, so bedeutet dies, daß das Problem, das von v repräsentiert wird, ein Spezialfall des von w repräsentierten Problems ist.

Im folgenden sollen die in Abschnitt 3.1 eingeführten Klassen dazu benutzt werden, ein objektorientiertes *Referenzmodell* für die Ablaufplanung zu erstellen. Es ist Teil eines allgemeineren Modells für das Prozeßmanagement, daß strategische, taktische und operative Aufgaben unterscheidet. Basisklassen sind AUFTRAG, STÜCKLISTE, ARBEITSPLAN, VERRICHTUNG, PROZESSOR und ABLAUFPLAN. In Abbildung 3.2.-2 ist das entsprechende Referenzmodell dargestellt. Attribute und Methoden sind exemplarisch angegeben. Eine Spezialisierung dieses Modells auf Warenprozesse wird in [Sch96] beschrieben.

Durch die Objekte der Klasse STÜCKLISTE werden entspre-

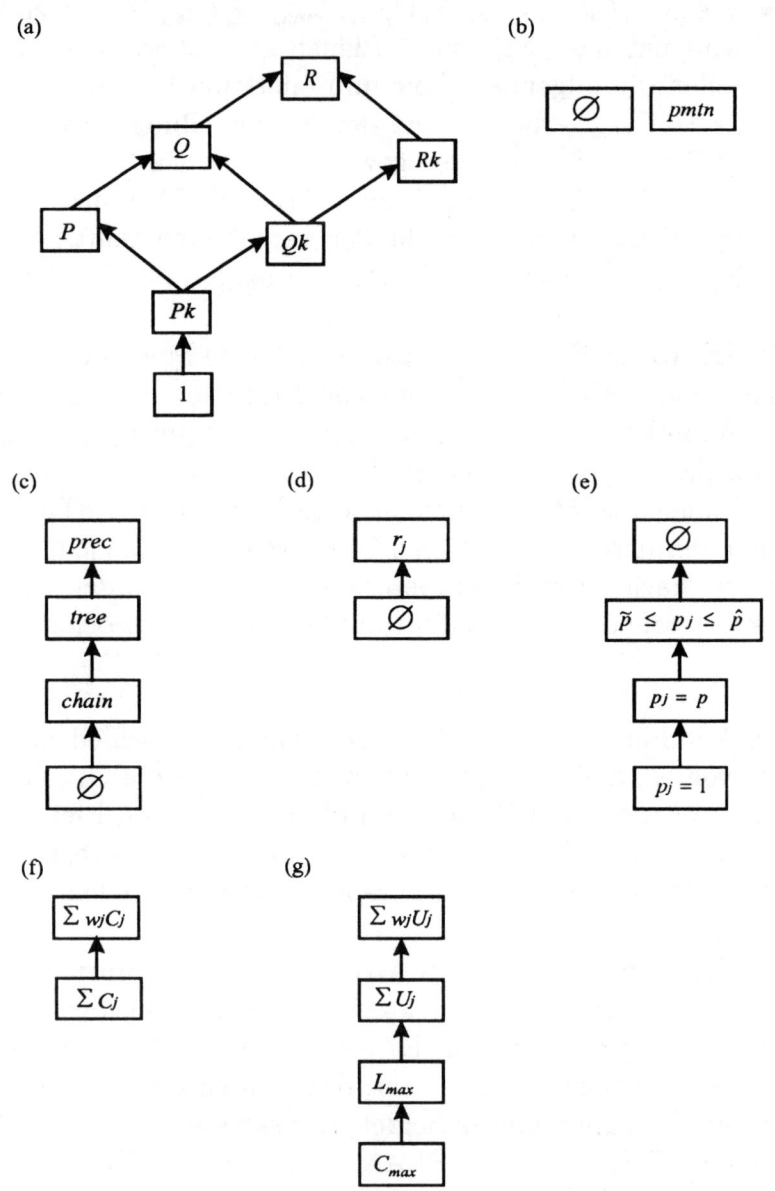

Abbildung 3.2.-1: *Beziehung verschiedener Problemparameter*

chende Objekte der Klasse AUFTRAG erzeugt. Jedes Objekt der Klasse AUFTRAG kommuniziert mit dem Objekt der Klasse AR-

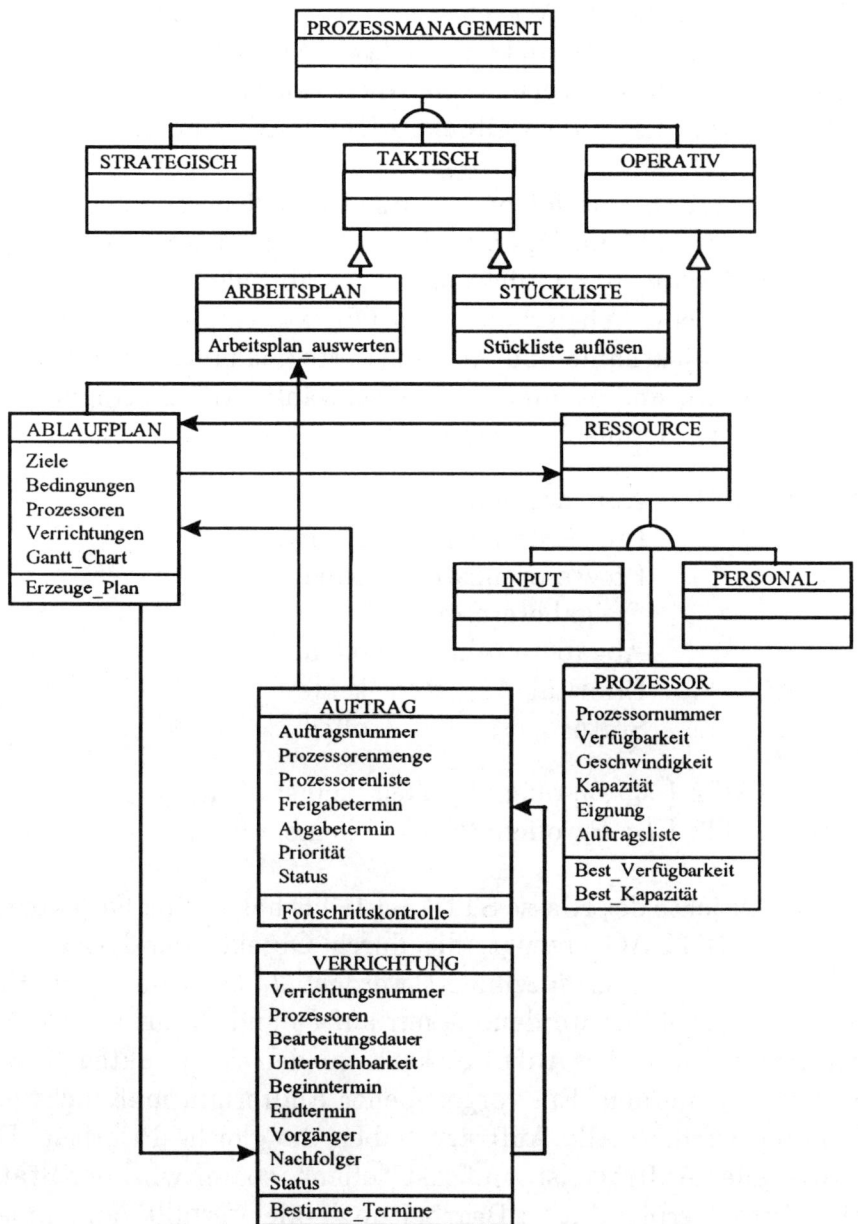

Abbildung 3.2.-2: *Referenzmodell für die Ablaufplanung*

BEITSPLAN, das die Vorschriften für die Bearbeitung des Auftrags enthält. Jedes Objekt der Klasse ARBEITSPLAN erzeugt entsprechend dieser Vorschriften die Objekte der Klasse VERRICHTUNG, die zu dem Objekt AUFTRAG gehören.

Beispiel 3.2.2: Das folgende Objektmodell beschreibt ein Ablaufplanungsproblem. Die Objekte einer Klasse sind bei erstmaliger Erwähnung mit Objektname, Attributname und Attributwert dargestellt. Wiederholen sich Objekte einer Klasse, werden nur noch Objektname und Attributwerte genannt. Die angegebenen Attribute sind exemplarisch ausgewählt. Auf die Angabe von Methoden wird zunächst verzichtet.

AUFTRAG1	Auftragsnummer	J_1
	Prozessorenmenge	P_1, P_2
	Prozessorenliste	offen
	Freigabetermin	0
	Abgabetermin	offen
	Priorität	keine
	Status	offen

AUFTRAG2 $\{J_2; P_2; \text{offen}; 0; \text{offen}; \text{keine}; \text{offen}\}$
AUFTRAG3 $\{J_3; P_1; \text{offen}; 2; \text{offen}; \text{keine}; \text{offen}\}$

Die Objekte der Klasse STÜCKLISTE haben drei Objekte der Klasse AUFTRAG erzeugt, die durch Objekte der Klasse ARBEITSPLAN weiter spezifiziert werden; J_1 kann auf allen Prozessoren ausgeführt werden, J_2 nur auf P_2 und J_3 nur auf P_1. Mit der Bearbeitung der Aufträge kann zu den Zeitpunkten 0 bzw. 2 begonnen werden. Ein vorgegebener Endtermin muß nicht eingehalten werden. Alle Aufträge haben die gleiche Priorität. Der Status aller Aufträge ist zunächst "offen", später wird der Status die Werte "verplant", "in Bearbeitung" oder "erfüllt" annehmen.

VERRICHTUNG11	Verrichtungsnummer	T_1
	Prozessoren	P_1, P_2
	Bearbeitungsdauer	3
	Unterbrechbarkeit	nein

Beginntermin	0
Endtermin	offen
Vorgänger	-
Nachfolger	T_{12}, T_{13}
Status	offen

VERRICHTUNG12 $\{T_{12};\ P_1, P_2;\ 13;\ \text{nein};\ 3;\ \text{offen};\ T_{11};\ \text{-};\ \text{offen}\}$
VERRICHTUNG13 $\{T_{13};\ P_1, P_2;\ 2;\ \text{nein};\ 3;\ \text{offen};\ T_{11};\ \text{-};\ \text{offen}\}$
VERRICHTUNG20 $\{T_{20};\ P_1;\ 4;\ \text{nein}\ ;\ 0;\ \text{offen};\ T_{11};\ \text{-}\ ;\ \text{offen}\ \}$
VERRICHTUNG31 $\{T_{31};\ P_1;\ 2;\ \text{nein};\ 2;\ \text{offen};\ \text{-};\ T_{32}, T_{33}, T_{34};$
$\qquad\qquad\quad\ \text{offen}\}$
VERRICHTUNG32 $\{T_{32};\ P_1;\ 4;\ \text{nein};\ 4;\ \text{offen};\ T_{31};\ \text{-};\ \text{offen}\}$
VERRICHTUNG33 $\{T_{33};\ P_1;\ 4;\ \text{nein};\ 4;\ \text{offen};\ T_{31};\ \text{-};\ \text{offen}\}$
VERRICHTUNG34 $\{T_{34};\ P_1;\ 2;\ \text{nein};\ 4;\ \text{offen};\ T_{31};\ \text{-};\ \text{offen}\}$

Von den Objekten der Klasse ARBEITSPLAN sind für die drei
Aufträge acht Verrichtungen erzeugt worden. Verrichtungen von
J_1 können auf allen zur Verfügung stehenden Prozessoren ausgeführt werden. Die anderen Verrichtungen können entweder nur
auf P_2 oder nur auf P_1 ausgeführt werden. Für jede Verrichtung
sind die Vorgänger- und Nachfolgerverrichtungen, die Bearbeitungsdauern und die Beginntermine bekannt; Endtermine müssen
nicht beachtet werden. Ist mit der Bearbeitung einer Verrichtung
begonnen worden, darf diese nicht unterbrochen werden. Der Status aller Verrichtungen ist jetzt noch offen, später wird der Status
die Werte "verplant", "in_Bearbeitung" oder "durchgeführt" annehmen.

PROZESSOR1 Prozessorennummer P_1

Verfügbarkeit	$[0, \infty)$
Geschwindigkeit	1
Kapazität	PC_1
Eignung	$T_{11}, T_{12}, T_{13}, T_{31}, T_{32}, T_{33}, T_{34}$
Auftragsliste	offen

PROZESSOR2 $\{P_2;\ [0, \infty);\ 1;\ PC_2;\ T_{11}, T_{12}, T_{13}, T_{20};\ \text{offen}\}$

Es stehen zwei Prozessoren mit der gleichen Bearbeitungsgeschwindigkeit kontinuierlich zur Verfügung. Kapazität und Eignung sind bekannt. Noch liegen die Auftragslisten, d.h. die Reihenfolge, in der die Prozessoren von den Aufträgen besucht werden, nicht fest.

ABLAUFPLAN	Ziele	C_{max}
	Bedingungen	-
	Prozessoren	P_1, P_2
	Verrichtungen	$T_{11}, ..., T_{34}$
	Gantt_Chart	offen

Ziel der Ablaufplanung ist ein Plan mit kürzester Länge, d.h. einen Plan zu finden, bei dem $\max\{C_j\}$ minimiert wird. Neben den von Verrichtungen und Prozessoren herrührenden Restriktionen sind keine zusätzlichen Randbedingungen zu beachten. Der Verweis auf die benötigten Inputparameter für die Planerstellung liegt vor. Der Ablaufplan, dargestellt als Gantt-Chart, ist noch nicht bekannt.

Durch den Aufruf der Methode <Erzeuge_Plan> der Klasse ABLAUFPLAN läßt sich die zeitliche Zuordnung der Verrichtungen zu den Prozessoren bestimmen. Es soll angenommen werden, daß sich daraus die folgenden Werte der Attribute der einzelnen Objekte ergeben.

AUFTRAG1 $\{J_1; P_1, P_2; 0; 17;$ keine; verplant$\}$
AUFTRAG2 $\{J_2; P_2; 0; 4;$ keine; verplant$\}$
AUFTRAG3 $\{J_3; P_1; 3; 15;$ keine; verplant$\}$

VERRICHTUNG11 $\{T_{11}; P_1; 3;$ nein; 0; 3; -; $T_{12}, T_{13};$ verplant$\}$
VERRICHTUNG12 $\{T_{12}; P_2; 13;$ nein; 4; 17; $T_{11};$ -; verplant$\}$
VERRICHTUNG13 $\{T_{13}; P_1; 2;$ nein; 15; 17; $T_{11};$ -; verplant$\}$
VERRICHTUNG20 $\{T_{20}; P_2; 4;$ nein; 0; 4; -; -; verplant$\}$
VERRICHTUNG31 $\{T_{31}; P_1; 2;$ nein; 3; 5; -; $T_{32}, T_{33}, T_{34};$
                verplant$\}$

VERRICHTUNG32 $\{T_{32};\ P_1;\ 4;\ \text{nein};\ 5;\ 9;\ T_{31};\ \text{-};\ \text{verplant}\}$
VERRICHTUNG33 $\{T_{33};\ P_1;\ 4;\ \text{nein};\ 9;\ 13;\ T_{31};\ \text{-};\ \text{verplant}\}$
VERRICHTUNG34 $\{T_{34};\ P_1;\ 2;\ \text{nein};\ 13;\ 15;\ T_{31};\ \text{-};\ \text{verplant}\}$

Alle Aufträge und die entsprechenden Verrichtungen sind ein-geplant; J_1 wird auf P_1 und P_2 im Zeitintervall $[0, 17]$ ausgeführt, J_2 auf P_2 in $[0, 4]$ und J_3 auf P_1 im Zeitintervall $[3, 15]$.

PROZESSOR1 $\{P_1;\ [17, \infty);\ 1;\ PC_1;\ T_{11}, T_{12}, T_{13}, T_{31}, T_{32}, T_{33}, T_{34};$
$\qquad\qquad T_{11}, T_{31}, T_{32}, T_{33}, T_{34}, T_{13}\}$
PROZESSOR2 $\{P_2;\ [17, \infty);\ 1;\ PC_2;\ T_{11}, T_{12}, T_{13}, T_{20};\ T_{20}, T_{12}\}$

Die Verfügbarkeiten von P_1 und P_2 haben sich geändert; P_1 führt T_{11}, T_{13} und die Verrichtungen von J_3 aus, und P_2 führt T_{20} und T_{12} in den angegebenen Reihenfolgen durch.

ABLAUFPLAN   Ziele C_{max}
                    Bedingungen   -
                    Prozessoren P_1, P_2
                    Verrichtungen $T_{11}, ..., T_{34}$
                    Gantt_Chart   erstellt

Der Ablaufplan liegt jetzt in Form eines Gantt-Charts vor und ist in Abbildung 3.2.-3 dargestellt.

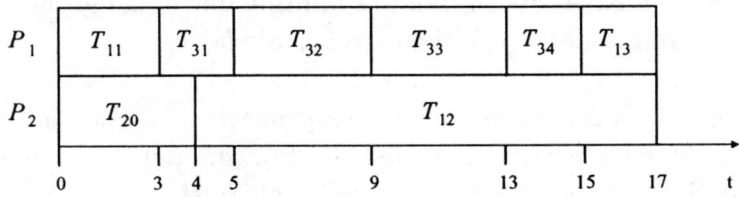

Abbildung 3.2.-3: *Ablaufplan für das Beispielproblem*

Die Klasse ABLAUFPLAN kann auch mit der Notation eines GPN dargestellt werden. Dabei repräsentieren die Pfeile die durchzuführenden Verrichtungen und die Knoten die entsprechenden Synchronisationsvorschriften. Es soll angenommen werden, daß die einzige Bedingung für die Durchführung einer Verrichtung der Abschluß der vorangehenden Verrichtung ist. Von einer Angabe von Produzenten und Kunden wird abgesehen. Damit ergeben sich als Input-Tripel (-; Prozessoren; α, β, γ) und als Output-Tripel (-, bearbeiteter Auftrag, Daten des Ablaufplans).

3.3   Modellanalyse

Ein Ablaufplanungsproblem ist die Aufzählung einer Teilmenge der eben eingeführten Attribute. Eine Konkretisierung des Problems erhält man durch die Angabe der Attributwerte. Mit bezug auf die Konkretisierung wird eine Frage formuliert. Wird diese in Hinblick auf die *Existenz* einer Lösung formuliert und wird "ja" oder "nein" als Antwort akzeptiert, so liegt ein *Zulässigkeitsproblem* vor; wird nach der bestmöglichen Lösung gefragt, so handelt es sich um ein *Optimierungsproblem*. Um den Unterschied zwischen Zulässigkeits- und Optimierungsproblemen zu verdeutlichen, soll das folgende Problem betrachtet werden.

Problem RUCKSACK
Endliche Menge von Elementen $A = \{a_1, a_2, ..., a_n\}$ und ganzzahlige Gewichte $w(a_i)$, $v(a_i)$ und ganzzahlige Kapazität b.

Frage im Sinne eines *Zulässigkeitsproblems*: "Gibt es eine Lösung für RUCKSACK, so daß die Summe der $w(a_i)$ größer als M und die Summe der $v(a_i)$ nicht größer als b ist?".

Frage im Sinne eines *Optimierungsproblems*: "Wie lautet eine Lösung für RUCKSACK, so daß die Summe der $w(a_i)$ maximal und die Summe der $v(a_i)$ nicht größer als b ist?".

Bei der Analyse der Schwierigkeit der jeweiligen Frage hilft die

Komplexitätstheorie [GJ79, Pap94]. Mit ihr versucht man, Probleme an Hand ihres Bedarfs an *Rechenzeit* oder *Speicherplatz* für ihre Lösung zu klassifizieren. Bezugsgröße des Ressourcenbedarfs ist die Länge der Eingabe der Problemrepräsentation. Die hier verwendete Klassifikation ist sehr grob und unterteilt alle Probleme in die beiden Klassen *"leicht lösbar"* und *"schwer lösbar"*. Als "leicht lösbar" bezeichnet man ein Problem dann, wenn ein Polynom existiert, durch das die Anzahl der Rechenschritte zur Lösungsfindung in Abhängigkeit von der Eingabelänge nach oben abgeschätzt werden kann (*Klasse P*). "Schwer lösbar" sind solche Probleme, bei denen die beste bekannte obere Abschätzung eine Exponentialfunktion ist (*Klasse NP*). Zur Abschätzung des Rechenaufwands bedient man sich einer Funktion $O(f(x))$; eine Funktion $g(x)$ ist $O(f(x))$, wenn eine Konstante c existiert, so daß $\mid g(x) \mid \leq c \mid f(x) \mid$ für alle Werte $x \geq 0$.

Beispiel 3.3.1: Zur Verdeutlichung der Bedeutung der Rechenzeit für die Problemlösung soll das folgende Szenario dienen. Es seien 99 Aufträge auf einem Prozessor zu bearbeiten; wollte man alle Zuordnungsmöglichkeiten untersuchen, so müßten 99! Reihenfolgen bestimmt werden. Nehmen wir an, es sei ausreichend Rechenleistung verfügbar, um dieses Problem innerhalb eines Tages zu lösen. Kommen jetzt zwei Aufträge hinzu, bedeutet dies, daß 101! Reihenfolgen zu untersuchen sind, was eine zusätzliche Rechenzeit von $100 \cdot 101$ Tagen oder ungefähr 27,7 Jahren bedeuten würde. Nehmen wir an, jeder der Aufträge bestünde nicht nur aus einer, sondern aus zwei Verrichtungen und es würden zwei Prozessoren zur Verfügung stehen. Hätte sich die Rechenleistung durch technologische Fortschritte soweit verbessert, daß $(99!)^2$ Reihenfolgen an einem Tag untersucht werden könnten, so würde dies bei 101 Aufträgen trotzdem noch eine Rechenzeit von ungefähr 279.479 Jahren bedeuten.

Für *polynomiale* (gute) *Algorithmen* liefert das Aufwandsmaß $O(p(k))$ ein Polynom p mit k als Eingabelänge. Hat beispielsweise ein Algorithmus einen Aufwand von n und würde die Ausführung eines elementaren Schrittes 10^{-6} Sekunden benötigen, so bedeutet dies, daß bei einer Inputlänge von $n = 60$ ungefähr 60 Mikrosekunden an Rechenzeit benötigt würden. Für *exponentielle* (schlechte) *Algorithmen* sieht dies ganz anders aus. Für ein Verfahren mit Aufwandsfunktion 3^n würde bei gleicher Technologie und $n = 60$ die benötigte Rechenzeit in $1,3 \cdot 1013$ Jahrhunderte resultieren.

Um eine entsprechende Modellanalyse vornehmen zu können, muß festgestellt werden, ob ein polynomialer Algorithmus existiert oder nicht. Probleme, für die solche Algorithmen aller Wahrscheinlichkeit nach nicht existieren, bezeichnet man als *NP-vollständig*. Offensichtlich ist P eine Teilmenge von NP. Ist eine Zuordnung des Problems zu einer der beiden Klassen nicht möglich, so spricht man von offenen Problemen. Der Zusammenhang der Problemklassen in NP ist in Abbildung 3.3.-1 dargestellt. P steht für die Klasse der polynomial lösbaren Probleme und NPC für die Klasse der NP-vollständigen Probleme.

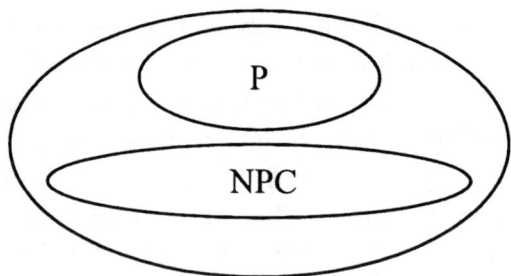

Abbildung 3.3.-1: *Verschiedene Problemklassen* in NP

Könnte ein NP-vollständiges Problem in polynomialer Zeit gelöst werden, so würde dies für alle NP-vollständigen Probleme polynomiale Lösbarkeit bedeuten. Ein Problem, das mindestens so schwierig ist wie ein NP-vollständiges Problem, bezeichnet man als *NP-schwierig*. Die Erklärung für diesen Zusammenhang liefert die polynomiale Reduzierbarkeit von Problemen und die Feststellung, daß alle Rechenmodelle polynomial verknüpft sind. Zur weiteren Vertiefung dieser Fragen wird auf [GJ79] verwiesen. Für die Bearbeitung von NP-schwierigen Problemen ergeben sich die folgenden Möglichkeiten.

Zunächst kann man überprüfen, ob die vorliegende Problembeschreibung wirklich bindend ist. Vielleicht lassen sich manche Bedingungen relaxieren oder reformulieren, was dann zu polynomial lösbaren Spezialfällen des Ausgangsproblems führt. Beispiele für solche Relaxierungen sind, daß Unterbrechbarkeit von Verrichtungen zugelassen wird, die Ausprägungen der Bearbeitungsdauern eingeschränkt werden können oder auch Vorrangbeziehungen zwischen den Verrichtungen vereinfacht werden können. Eine solche Relaxierung dient dem Prozeßmanagement auch dazu, Aufschlüsse über einen geeigneten Prozeßentwurf aus der Sicht der Lösbarkeit der resultierenden Ablaufplanungsprobleme zu erhalten.

Eine weitere Möglichkeit ist der Entwurf von schnellen *approximativen Algorithmen*. Dies sind analytisch abschätzbare heuristische Verfahren, die eine Garantie für die absolute oder die relative Güte des Ergebnisses im Vergleich zum Optimum geben. Diese Garantie versucht man für den schlechtesten Fall (worst-case) und für den durchschnittlichen Fall (mean-case) anzugeben.

Es seien M ein Minimierungsproblem und K eine seiner Ausprägungen. Das relative worst-case Verhältnis $R_{A(K)}$ eines approximativen Algorithmus A sei definiert als

$$R_{A(K)} = A(K)/OPT(K),$$

wobei $A(K)$ der Wert der von Algorithmus A für die Ausprägung K generierten Lösung und $OPT(K)$ der Wert der optimalen Lösung ist. Für eine absolute Approximation muß

$$A(K) - OPT(K) \leq r$$

garantiert werden können. Jedoch kann für viele kombinatorische Probleme gezeigt werden, daß wenig Hoffnung besteht, sie mit garantierter Güte lösen zu können. Das entsprechende Approximationsproblem schnell zu lösen, ist dann genauso aussichtslos wie die Suche nach einem polynomialen Algorithmus für ein NP-schwieriges Problem [Pap94].

In solchen Fällen bleibt noch die Möglichkeit, sogenannte *unqualifizierte Heuristiken* einzusetzen. Diese können plausible Strategien für die Lösungssuche sein oder auch aus Erfahrungswissen resultieren. Eine Evaluation solcher Verfahren ist nur ex post durch empirische Tests an Hand repräsentativer Beispielprobleme möglich.

Möchte man auf eine exakte Antwort nicht verzichten, so bleiben für NP-schwierige Probleme noch *enumerative Verfahren*, die aber meistens nur für kleine Problemausprägungen in vertretbarer Zeit anwendbar sind. Als prominenter Vertreter solcher Verfahren wird hier der "*Branch and Bound* (B+B)" Algorithmus kurz vorgestellt. Es soll angenommen werden, daß für das zu lösende Problem eine endliche Menge S von zulässigen Lösungen existiert. Gesucht wird eine optimale Lösung s^* aus S.

B+B findet s^*, in dem er alle möglichen Lösungen $s \in S$ so geschickt wie möglich bezüglich ihrer Optimalitätseigenschaften analysiert. Dazu benutzt das Verfahren die beiden grundlegenden Operatoren *Verzweigung* und *Begrenzung*. Verzweigung zerlegt ein Problem in mehrere Teilprobleme und generiert Teillösungen. Begrenzung berechnet eine untere Schranke für die optimale Lösung unter Berücksichtigung des jeweiligen Teilproblems. Zur Repräsentation benutzt man einen bewerteten Baum. Die Stufe Null enthält die Wurzel, die alle möglichen Lösungen für das Ausgangsproblem repräsentiert; die weiteren Stufen enthalten Teilprobleme von Problemen auf höheren Stufen, die aus der Festschreibung von Teilen der Lösung resultieren. Die Verbindungen von einem Problem zu seinen Teilproblemen werden durch Kanten repräsentiert. Zu jedem Zeitpunkt wird eine Liste von aktiven Knoten gehalten. Sie repräsentiert Teilprobleme, die bisher nicht eliminiert wurden und die ihrerseits noch nicht weiter in Teilprobleme zerlegt wurden.

Wenn B+B die erste zulässige Lösung gefunden hat, wird
der zugehörige Lösungswert bestimmt. Nun werden alle Knoten
des Baumes gestrichen, die eine Bewertung haben, die größer als
der aktuelle Lösungswert ist. Die dort repräsentierten Teillösungen können nicht Bestandteil der optimalen Lösung sein. Welcher
Knoten des Baumes als nächster untersucht wird, hängt von einer
heuristischen Suchstrategie ab. Die optimale Lösung ist gefunden,
wenn es keine aktiven Knoten mehr gibt.

Kapitel 4

Analytische Verfahren

Gegenstand dieses Kapitels sind *exakte* und *heuristische* Verfahren für ausgewählte Modelle der Ablaufplanung auf der Basis gegebener Prozeßtypen. Die meisten der vorgestellten Verfahren sind Algorithmen, die mit beweisbaren *Leistungsgarantien* ausgestattet sind. Hier interessieren Garantien, die die Lösungsgüte betreffen. Alle Verfahren können als ausführbare Methoden im Referenzmodell unter <Erzeuge_Plan> der Klasse ABLAUFPLAN hinterlegt werden. Die Darstellung einzelner Probleme erfolgt mit der im vorigen Kapitel eingeführten Klassifikation. Diese ist für die Diskussion von Fragen der algorithmischen Problemlösung ausreichend. Für eine genauere betriebswirtschaftliche Spezifikation kann eine Ergänzung der Beschreibung mit Hilfe der vorgeschlagenen GPN-Notation erfolgen.

Obwohl es auch leichte Ablaufplanungsprobleme gibt, stellt die Mehrheit der auftretenden Fragestellungen schon in ihrer einfachsten statisch-deterministischen Formulierung äußerst schwierige *kombinatorische Probleme* dar. Will man diese exakt lösen, stehen nur enumerative Verfahren zur Verfügung, die im schlechtesten Fall exponentiellen Rechenaufwand haben. Unter den bekannten zeitkritischen Rahmenbedingungen bieten sich sowohl für die OFP als auch für die ONS für solche Probleme heuristische Verfahren an. Diese bauen entweder auf exakten Lösungen für *relaxierte Probleme* auf, benutzen *begrenzte Suchstrategien* im Rahmen von

Branch and Bound Verfahren oder wenden *Prioritätsregeln* zur
Problemlösung an. Für fast alle Verfahren, die in diesem Kapitel
vorgestellt werden, wird der benötigte Rechenaufwand mit Hilfe
der *O-Notation* angegeben. Auf eine Herleitung wird jedoch verzichtet. Diese kann der jeweiligen Quelle entnommen werden.

Die Verfahren werden nach verschiedenen Prozeßtypen unterschieden. Zunächst werden Algorithmen für Prozesse mit nur
einem Prozessor vorgestellt. Dann wird die Problemstellung erweitert auf Prozesse mit mehreren identisch qualifizierten Prozessoren. Abläufe, die spezialisierte Prozessoren benötigen, werden
im dritten Abschnitt diskutiert, und abschließend wird auf flexible Arbeitssysteme eingegangen. Die Darstellung unterscheidet
an vielen Stellen nicht zwischen Auftrag und Verrichtung. Dies
ist immer dann gerechtfertigt, wenn der Auftrag nur aus einer
einzigen Verrichtung besteht.

4.1   Prozesse mit einem Prozessor

Ablaufplanungsprobleme treten häufig als Ein Prozessor Probleme auf, und haben als solche bisher große Beachtung gefunden
[GK87]. Dies liegt einmal sicherlich daran, daß es Prozesse gibt,
die nur einen Prozessor benötigen. So ist das Unternehmen auf
aggregierter Ebene ein solcher Prozessor, der die Abwicklung von
Geschäftsvorgängen übernimmt. Andererseits sind Ein Prozessor
Probleme Bausteine von Prozessen, die durch mehrere Prozessoren charakterisiert sind. So können sie benutzt werden, um Prozessoren, die Engpaßressourcen darstellen oder die besonders ko-
stenintensiv sind, effizient einzusetzen. Probleme mit mehreren
Prozessoren können in Teilprobleme als Ein Prozessor Probleme
zerlegt werden, und die Lösungen der Teilprobleme können zur
Lösung des Ausgangsproblems zusammengesetzt werden. Manchmal werden auch ganze Arbeitssysteme, je nach Detailierungs-
grad, auf diese Weise abgebildet. Da Ein Prozessor Probleme von
fundamentaler Bedeutung für die Behandlung allgemeiner Fragestellungen sind, sollen sie genauer untersucht werden. Dabei

werden verschiedene Kriterien bezüglich Planlänge, Durchlaufzeit, Terminabweichung und Umrüstvorgänge berücksichtigt.

4.1.1 Minimierung der Planlänge

Will man die *Planlänge* für unabhängige Verrichtungen und nur einen Prozessor minimieren ($1 \parallel C_{max}$), so ist jeder Plan optimal, der keine Leerzeiten des Prozessors im Intervall $[0, \sum_{j=1}^{n} p_j]$ erzeugt. Auf die gleiche, einfache Art ist es möglich, einen optimalen Plan für Verrichtungen mit Vorrangbeziehungen ($1 \mid prec \mid C_{max}$) zu finden. Auch hier ist die Planlänge bestimmt durch $C_{max} = \sum_{j=1}^{n} p_j$. Der Rechenaufwand ist in beiden Fällen $O(n)$. Nicht viel schwerer wird das Problem, wenn die Verrichtungen unterschiedliche Freigabetermine haben. Das Problem $1 \mid prec, r_j \mid C_{max}$ läßt sich in $O(n \log n)$ lösen, indem man die Verrichtungen in der Reihenfolge ihrer nicht fallenden Freigabetermine einplant. Müssen harte Endtermine beachtet werden, so werden die Verrichtungen entsprechend nicht fallender Deadlines eingeplant. Sind sowohl Freigabe- als auch Endtermine zu berücksichtigen, wird die Lösungssuche anspruchsvoller.

Problem $1 \mid r_j, \tilde{d}_j \mid C_{max}$

Dieses Problem kann durch ein *Branch and Bound* Verfahren, wie es in [BFR71] beschrieben ist, gelöst werden. Dabei werden alle möglichen Ablaufpläne in einem Suchbaum, wie er in Abbildung 4.1.-1 dargestellt ist, implizit enumeriert. Der i-te Knoten v_i repräsentiert eine Zuordnung von T_i zur ersten Reihenfolgeposition. Jeder Knoten wird mit $C_i = r_i + p_i$ bewertet. Auf der nächsten Stufe werden die $n-1$ verbleibenden Verrichtungen alternativ der zweiten Reihenfolgeposition zugeordnet. Ist Knoten v_{ij} der direkte Nachfolger von v_i, ergibt sich $C_j = \max\{r_i + p_i, r_j\} + p_j$. Dieser repräsentiert den Zielfunktionswert des Teilplans (T_i, T_j). Auf diesem Wege werden über alle potentiellen Teilpläne alle möglichen Lösungen erzeugt. Wenn der Algorithmus die Lösungssuche nicht abkürzen kann, bedeutet dies, daß $n!$ Knoten erzeugt werden.

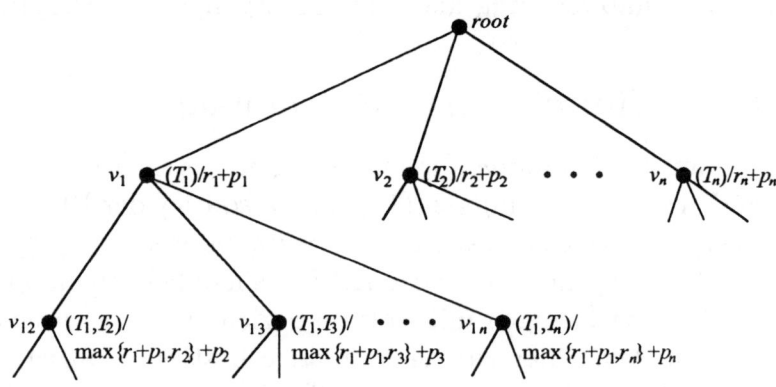

Abbildung 4.1.-1: *Suchbaum des Verfahrens von [BFR71]*

Beispiel 4.1.1: Es sind vier Verrichtungen auf einem Prozessor zu bearbeiten. Die folgenden Vektoren von Freigabeterminen, Bearbeitungsdauern und Deadlines beschreiben das Problem genauer: $r = (4, 1, 1, 0), p = (2, 1, 2, 2)$ und $\tilde{d} = (7, 5, 6, 4)$. In Abbildung 4.1.-2 ist der erzeugte Suchbaum dargestellt. Bevor ein aktiver Knoten weiter verzweigt wird, werden Kriterien überprüft, die die Anzahl zu erzeugender Knoten möglichst gering halten sollen. Die Reihenfolge (T_4, T_2, T_3, T_1) ist zulässig und hat minimale Länge.

Problem $1 \mid r_j, delivery\ times \mid C_{max}$

Es soll angenommen werden, daß nach Durchführung der Transformation der Auftrag noch einige Zeit im Arbeitssystem verweilen muß, bevor er an den Kunden ausgeliefert werden kann. Gesucht wird ein Plan, der alle Aufträge so schnell wie möglich erfüllt. In [GJ79] ist gezeigt worden, daß dieses Problem NP-schwierig ist. Schrage [Sch71] schlägt ein *heuristisches* Verfahren vor. Die grundlegende Idee ist, daß von allen einplanbaren Verrichtungen zunächst die mit maximaler Verweildauer gewählt wird. Die Darstellung des Verfahrens folgt der in [Car82].

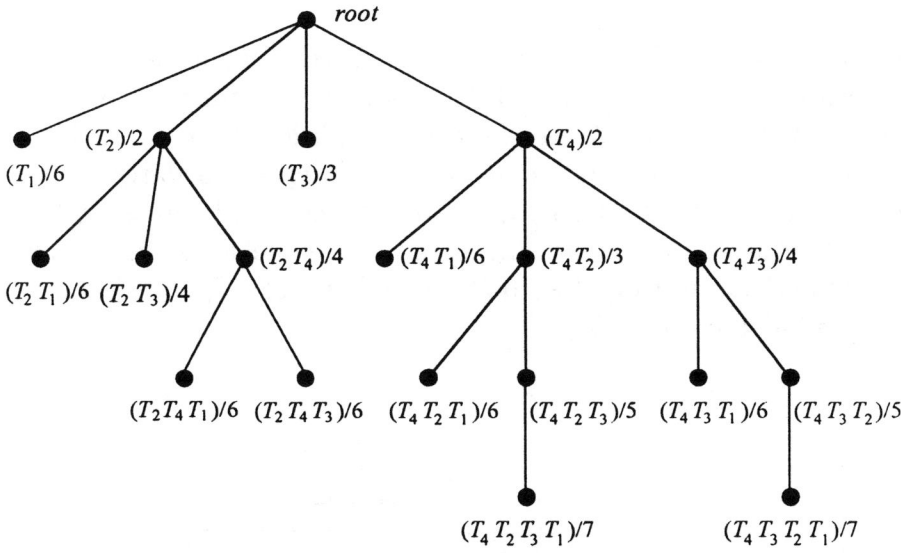

Abbildung 4.1.-2: *Suchbaum für das Beispiel*

Algorithmus 4.1.1 *Verfahren von Schrage für*
$$1 \mid r_j, delivery\ times \mid C_{max} \text{ [Car82]}$$

begin
$t = \min\limits_{T_j \in \mathcal{T}} \{r_j\};\ C_{max} := t;$
while $\mathcal{T} \neq \emptyset$ **do**
    begin
        $\mathcal{T}' := \{T_j \mid T_j \in \mathcal{T},\ \text{and } r_j \leq t\};$
        Choose $T_j \in \mathcal{T}'$ such that $p_j = \max\limits_{T_k \in \mathcal{T}'} \{p_k \mid q_k = \max\limits_{T_l \in \mathcal{T}'} \{q_l\}\};$
        Schedule T_j at time t;
        $\mathcal{T} := \mathcal{T} \setminus \{T_j\};$
        $C_{max} := \max\{C_{max}, t + p_j + q_j\};$
        $t := \max\{t + p_j, \min\limits_{T_l \in \mathcal{T}} \{r_l\}\}\ ;$
    end;
end; - - $O(n \log n)$

Beispiel 4.1.2: Gegeben sind sieben Verrichtungen mit Freigabeterminen $r = [10, 13, 11, 20, 30, 0, 30]$, Bearbeitungsdauern $p = [5, 6, 7, 4, 3, 6, 2]$ und Verweildauern $q = [7, 26, 24, 21, 8, 17, 0]$. Algorithmus 4.1.1 ermittelt den in Abbildung 4.1.-3 dargestellten Plan der Länge 53. Die Bearbeitungsdauern sind mit ausgefüllten und die Verweildauern mit leeren Balken gekennzeichnet. Der optimale Plan mit der Bearbeitungsreihenfolge $(T_6, T_3, T_2, T_4, T_1, T_5, T_7)$ hat die Länge 50.

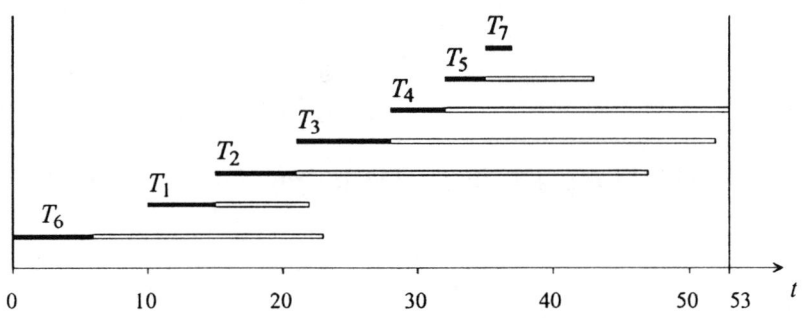

Abbildung 4.1.-3: *Ein zulässiger Ablaufplan für das Beispiel*

Falls die Bearbeitung der Verrichtungen unterbrochen werden darf, läßt sich Algorithmus 4.1.1 mit einer kleinen Ergänzung zur Erzeugung optimaler Pläne anwenden. In der Schleife wird jetzt die Bearbeitung einer Verrichtung immer dann unterbrochen, wenn eine andere mit höherer Priorität verfügbar wird. Der so erzeugte Plan hat höchstens $n - 1$ Unterbrechungen.

4.1.2   Minimierung der Durchlaufzeit

Im folgenden wird angenommen, daß alle Aufträge zu Beginn der Planungsperiode verfügbar sind, d.h. $r_j = 0$. Das einfachste Problem dieser Art ist $1 \mid\mid \sum C_j$. Es läßt sich durch die Einplanung der

Verrichtungen in der Reihenfolge nicht fallender Bearbeitungsdauern lösen. Sind die Abschlußtermine von unterschiedlicher Wichtigkeit ($1 \parallel \sum w_j C_j$), müssen die Verrichtungen entsprechend nicht fallender p_j/w_j eingeplant werden. Etwas schwieriger wird das Problem der Minimierung der Durchlaufzeiten, wenn zusätzlich Deadlines berücksichtigt werden müssen.

Problem $1 \mid \tilde{d}_j \mid \sum w_j C_j$

Dieses Problem ist NP-schwierig [Len77]. Um das folgende *heuristische* Verfahren anwenden zu können, muß sichergestellt sein, daß ein zulässiger Plan existiert. Der Algorithmus wählt die Verrichtung mit der längsten Bearbeitungsdauer unter allen Verrichtungen mit $\tilde{d}_j \geq p_1 + ... + p_n$ aus und ordnet sie an der letzten Position ein. Dann wird unter den verbleibenden Verrichtungen wiederum die mit der längsten Bearbeitungsdauer gesucht und an die vorletzte Position gesetzt. Dies geschieht solange, bis alle Verrichtungen verplant sind.

Algorithmus 4.1.2 *Einplanungsregel von Smith für*
$$1 \mid \tilde{d}_j \mid \sum w_j C_j \text{ [Smi56]}$$

begin
$p := \sum\limits_{i=1}^{n} p_i;$
while $\mathcal{T} \neq \emptyset$ **do**
　　begin
　　$\mathcal{T}_p := \{T_j \mid T_j \in \mathcal{T}, \tilde{d}_j \geq p\};$
　　Choose task $T_j \in \mathcal{T}_p$ such that p_j/w_j is maximal;
　　Schedule T_j in position n;
　　$n := n - 1;$
　　$\mathcal{T} := \mathcal{T} \setminus \{T_j\};$
　　$p := p - p_j;$
　　end;
end; - - $O(n \log n)$

Das Verfahren ist optimal, wenn

- alle Verrichtungen die gleiche Bearbeitungsdauer haben oder

- alle Verrichtungen die gleiche(n) Priorität (Gewichte) haben oder

- $p_i \leq p_j$ impliziert $w_i \geq w_j$.

In allen anderen Fällen kann die Optimalität nicht garantiert werden.

4.1.3   Minimierung der Terminabweichung

Als Beispiele für Ablaufplanungsprobleme mit Zielen, die an vorgegebene *Endtermine* für Verrichtungen geknüpft sind, sollen zwei Probleme vorgestellt werden, die die Minimierung der maximalen Terminabweichung, d.h. von L_{max} beinhalten und ein Problem, bei dem die Anzahl der verspäteten Verrichtungen minimiert werden soll.

Problem 1 $\|$ L_{max}

Dieses Problem ist mit $1 \mid \tilde{d}_j \mid C_{max}$ verwandt und kann auf die gleiche Art und Weise durch Einplanung entsprechend nicht fallender Deadlines gelöst werden [Jac55]. Erweitert man das Problem um beliebige Freigabetermine für die Verrichtungen, so wird es NP-schwierig [LRKB77]. Im folgenden soll angenommen werden, daß Unterbrechungen der Verrichtungen erlaubt sind.

Problem 1 $\mid pmtn, r_j \mid L_{max}$

Das Vorgehen zur Lösung dieses Problems orientiert sich an dem zur Lösung von $1 \parallel L_{max}$. Die Modifikation ist in [Hor74] beschrieben.

Algorithmus 4.1.3 *Verfahren von Horn für*
$$1 \mid pmtn, r_j \mid L_{max} \text{ [Hor74]}$$

begin
repeat
   $\rho_1 := \min_{T_j \in \mathcal{T}} \{r_j\}$;
   if all tasks are available at time ρ_1
   then $\rho_2 := \infty$;
   else $\rho_2 := \min\{r_j \mid r_j \neq \rho_1\}$;
   $\mathcal{E} := \{T_j \mid r_j = \rho_1\}$;
   Choose $T_k \in \mathcal{E}$ such that $d_k = \min_{T_j \in \mathcal{E}} \{d_j\}$;
   $l := \min\{p_k, \rho_2 - \rho_1\}$;
   Assign T_k to the interval $[\rho_1, \rho_1 + l)$;
   if $p_k \leq l$
   then $\mathcal{T} := \mathcal{T} \setminus \{T_k\}$;
   else $p_k := p_k - l$;
   for all $T_j \in \mathcal{E}$ **do** $r_j := \rho_1 + l$;
until $\mathcal{T} = \emptyset$;
end;

Problem $1 \parallel \sum U_j$

Wird die Qualität eines Plans nicht nach der maximalen Terminabweichung bemessen, sondern nach der Anzahl der *verspäteten* Verrichtungen, so basiert die anzuwendende Regel wieder auf nicht fallenden Endterminen. Der Algorithmus wird in zwei Schritten ausgeführt. Zunächst wird die Teilmenge $T^{\leq}$ von termingerecht ausführbaren Verrichtungen bestimmt, danach wird der Ablaufplan für alle Verrichtungen konstruiert.

Algorithmus 4.1.4 *Verfahren von Hodgson für*
$$1 \mid\mid \sum U_j \text{ [Law82]}$$

begin
Sort tasks in EDD order;   - - $d_1 \le d_2 \le \ldots \le d_n$
$\mathcal{T}^{\le} := \emptyset$;

$p := 0$;   - - p protokolliert die Ausführung von Verrichtungen von $\mathcal{T}^{\le}$
for $j = 1$ **to** n **do**
  begin
  $\mathcal{T}^{\le} := \mathcal{T}^{\le} \cup \{T_j\}$;
  $p := p + p_j$;
  if $p > d_j$ - - Verrichtung T_j kann ihren Endtermin nicht einhalten
  then
    begin
    Let T_k be a task in $\mathcal{T}^{\le}$ with maximal processing time, i.e.
    with $p_k = \max\{p_i \mid T_i \in \mathcal{T}^{\le}\}$;
    $p := p - p_k$;
    $\mathcal{T}^{\le} := \mathcal{T}^{\le} \setminus \{T_k\}$;
    end;
  end ;
Schedule tasks in $\mathcal{T}^{\le}$ according to EDD rule;
Schedule the remaining tasks $(\mathcal{T} \setminus \mathcal{T}^{\le})$ in an arbitrary order;
end; - - $O(n \log n)$

Beispiel 4.1.3: Es sollen acht Verrichtungen mit Bearbeitungs-dauern $p = [10, 6, 3, 1, 4, 8, 7, 6]$ und Endterminen $d = [35, 20, 11, 8, 6, 25, 28, 9]$ durchgeführt werden. Die Menge der Verrichtungen, die ihre Endtermine erfüllen können, ist $\mathcal{T}^{\le} = \{T_5, T_4, T_3, T_2, T_7, T_1\}$, und der optimale Ablaufplan hat die Verrichtungsfolge $(T_5, T_4, T_3, T_2, T_7, T_1, T_6, T_8)$.

4.1.4 Minimierung der Umrüstvorgänge

Es sind verschiedene Aufträge in *Losen* zu bearbeiten; jeder Auf-trag läßt sich einem *Auftragstyp* zuordnen und muß zu einer *Dead-line* abgeschlossen sein. Zur Bearbeitung eines Auftrags muß eine Verrichtung ausgeführt werden. Alle Verrichtungen benötigen die gleiche Zeitdauer für ihre Durchführung. Kommt es zu einer Belegung des Prozessors, bei der zwei Aufträge unterschiedlichen Typs direkt hintereinander durchgeführt werden, muß ein *Umrüstvorgang* in Kauf genommen werden; Aufträge gleichen Typs können ohne Umrüsten bearbeitet werden. Die Erfüllung der Aufträge erfolgt auf *Lager*. Die Lagerkapazität für jeden Auftragstyp ist beschränkt und damit auch die Höhe der entstehenden Lagerhaltungskosten. Ausgehend von einem Anfangslagerbestand und einer eventuellen Vorbelegung des Prozessors werden sowohl eine Losgrößenbildung als auch ein Ablaufplan mit minimaler Anzahl von Umrüstvorgängen gesucht.

Dieses Problem ist eng verwandt mit dem Multi Product Lot Scheduling Problem, das in [KSW94] beschrieben wird. Diese Modelle berücksichtigen *Einrüstvorgänge*. Diese treten immer dann auf, wenn mit der Bearbeitung eines Loses begonnen wird. Bei den meisten Anwendungen treten aber Umrüstvorgänge auf. Ein Beispiel eines solchen Prozesses ist die Fertigung von Getrieben unterschiedlicher Typen auf Transferstraßen. Die Bearbeitungsdauer zur Fertigung eines Getriebes ist konstant. Ein Wechsel der Bearbeitung von einem Getriebetyp zu einem anderen erfordert einen Umrüstvorgang der Transferstraße. Da diese Vorgänge gleich hohe Kosten verursachen, besteht das Ziel darin, die Anzahl der Umrüstvorgänge zu minimieren. Der Zwischenlagerbestand nimmt immer dann zu, wenn ein Getriebe fertiggestellt ist und nimmt immer dann ab, wenn Getriebe ausgeliefert werden. Eine zulässige Lösung des Problems bestimmt Lose von Getrieben gleichen Typs, bei denen die Aufträge ohne Umrüstvorgänge gefertigt werden können.

Problem $1 \mid p_j = 1, \tilde{d}_j \mid \sum CO$

Auf einem Prozessor sollen n Typen von Aufträgen bearbeitet werden, wobei die Menge J_j alle Aufträge des j-ten Typs enthält, $j = 1,...,n$. Jeder Auftrag aus J_j besteht aus einer Anzahl n_{jk} von Verrichtungen mit der Bearbeitungsdauer $p_j=1$, die zu einem Erfüllungstermin $\tilde{d}_k$, $k = 1,...,K$ bearbeitet sein müssen. Ein

Bearbeitungswechsel zwischen zwei Auftragstypen erzeugt einen Umrüstvorgang. Für jeden Auftragstyp darf der Lagerbestand B_j nicht überschritten werden. Ausgehend von einem Anfangslagerbestand soll ein Plan gefunden werden, mit dessen Hilfe alle Aufträge ihre Deadlines einhalten, der Lagerhöchstbestand nicht überschritten wird und die Anzahl der benötigten Umrüstvorgänge minimal ist.

Für das oben angeführte Beispiel der Getriebefertigung bedeutet dies, daß die Transferstraße durch einen Prozessor repräsentiert wird; Getriebetypen entsprechen Auftragstypen, Auftragstypen und Deadlines entsprechen der Nachfrage nach Getriebetypen im Zeitverlauf. Die Anzahl n_{jk} von Verrichtungen eines Auftragtyps J_j repräsentiert die Anzahl von Getrieben vom Typ j, die zur Deadline $\tilde{d}_k$ benötigt werden. B_j repräsentiert die beschränkte Lagerkapazität für die verschiedenen Getriebetypen. Zu jeder Deadline $\tilde{d}_k$ wird der Lagerbestand vom Getriebetyp j um n_{jk} Einheiten verringert.

Es sei $H = \max_k\{\tilde{d}_k\}$, und die Bearbeitungskapazität des Prozessors im Intervall $[0, H]$ sei in Einheitsintervalle $h = 1, ..., H$ der Länge eins (UTI) unterteilt. Es soll weiterhin angenommen werden, daß $H = \sum_{j=1}^{n} n_j$, wobei $n_j = \sum_{k=1}^{K} n_{jk}$ die Anzahl der Verrichtungen von J_j repräsentiert. Durch diese Annahme wird jeder zulässige Plan die Bearbeitungskapazität des Prozessors im Intervall $[0, H]$ vollständig nutzen, d.h. der Plan wird keine Leerzeiten aufweisen.

Für drei und mehr Auftragstypen ist dieses Problem NP-schwierig [Sch92]. Im folgenden soll eine Relaxierung mit zwei Auftragstypen betrachtet werden. Das Vorgehen läßt sich leicht für den allgemeinen Fall erweitern und kann dann als qualifizierte Heuristik benutzt werden.

Die grundlegende Idee zur Lösung des Problems besteht darin, Aufträge vom gleichen Typ so lange zu bearbeiten, bis ein Wechsel zu einem anderen Auftragstyp erzwungen wird. Dieses Vorgehen

erzeugt immer einen optimalen Plan, wenn die erste Deadline $\tilde{d}_1$
nur für einen Auftragstyp gilt; ist dies nicht der Fall, führt ihre
Anwendung nicht notwendigerweise zum Optimum.

Es seien q und r die beiden Auftragstypen, und q (r) wird
in UTI $h = 1, \ldots, h^* - 1$ bearbeitet. Wenn $h^* \leq H$, dann muß
entschieden werden, ob mit der Bearbeitung von Auftragstyp q
(r) in UTI h^* fortgefahren werden kann oder ob zu Auftragstyp
r (q) gewechselt werden muß. Diese Situation ist in Abbildung
4.1.-4 für q dargestellt. Wird ein Auftragstyp j einer UTI h zugeordnet, so ist $x_{jh} = 1$, sonst ist $x_{jh} = 0$. Der Lagerbestand für j
am Ende von UTI h ist I_{jh}.

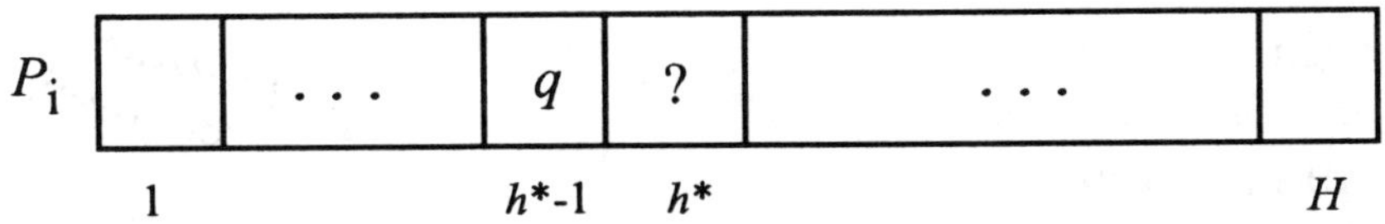

Abbildung 4.1.-4: *Situation vor einer Einplanungsentscheidung*

Es seien

$$U_{rh^*} = \min\left\{ (i - h^* + 1) - \left(\sum_{h=h^*}^{i} n_{rh} - I_{rh^*-1} \right) \mid i = h^*, \ldots, H \right\} \quad (4.1)$$

die verbleibende abzüglich der benötigten Bearbeitungskapazität,
um alle zukünftige Nachfrage von J_r zu den gegebenen Terminen
im Intervall $[h^*, H]$ zu erfüllen.

$$V_{qh^*} = \sum_{h=1}^{H} n_{qh} - \sum_{h=1}^{h^*-1} x_{qh} - I_{q0} \quad (4.2)$$

die Anzahl der noch nicht bearbeiteten Verrichtungen von Auftragstyp J_q und

$$W_{qh^*} = B_q - I_{qh^*-1} \quad (4.3)$$

die noch freie Lagerkapazität für Auftragstyp J_q am Ende von
UTI $h^* - 1$. Der Lagerbestand wird entsprechend

$$I_{jh^*-1} = I_{j0} + \sum_{h=1}^{h^*-1} (x_{jh} - n_{jh}) \quad (4.4)$$

berechnet.

Um einen zulässigen Plan zu konstruieren, reicht es aus, die Belegung von Typ q (r) auf Typ r (q) zu Beginn von UTI h^*, $1 \leq h^* \leq H$ umzustellen, wenn $U_{rh^*} \cdot V_{qh^*} \cdot W_{qh^*} = 0$ ist. Die Anwendung dieser UVW-Regel entspricht der oben erwähnten "wechsele nicht, bevor ein Zwang besteht" Strategie. Der folgende Algorithmus wendet diese entsprechend an.

Algorithmus 4.1.5 *Verfahren von Schmidt für*
$$1 \mid p_j = 1, \tilde{d}_j \mid \textstyle\sum CO \text{ [Sch92]}$$

begin
$i := 1$; $x := r$; $y := q$;
while $i < 3$ **do**
  begin
  for $h = 1$ **to** H **do**
    begin
    Calculate U_{xh}, V_{yh}, W_{yh} according to (4.1)-(4.3);
    if $U_{xh} \cdot V_{yh} \cdot W_{yh} = 0$
    then
      begin
      Assign a job of type x;
      Calculate the number of change-overs;
      Exchange x and y;
      end;
    else Assign a job of type y;
    end;
  $i := i + 1$; $x := q$; $y := r$;
  end;
Choose the schedule with minimum number of change-overs;
end; - - $O(H)$

Beispiel 4.1.4: Gegeben seien $J = \{J_1, J_2\}$, $\tilde{d} = (3, 7, 10)$, $B = (10, 10)$, $n_{11} = 1, n_{12} = 2, n_{13} = 1, n_{21} = 1, n_{22} = 1, n_{23} = 4$ und ein leeres Lager. Die in Abbildung 4.1.-5 dargestellten Pläne S_1

und S_2 werden erzeugt; S_2 hat die geringere Anzahl von Umrüstvorgängen und ist optimal.

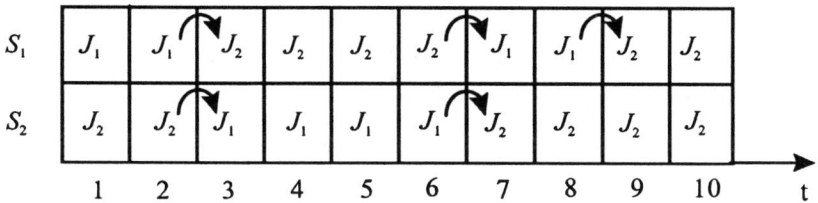

Abbildung 4.1.-5: *Ablaufpläne für das Beispiel*

4.2 Identisch qualifizierte Prozessoren

Probleme, bei denen mehrere gleichartig qualifizierte Prozessoren für die Bearbeitung von Aufträgen zur Verfügung stehen, treten sehr häufig auf [CS90], unter anderen bei Arbeitssystemen, die als *Pools* konfiguriert sind. Wie schon im vorangegangen Abschnitt werden Probleme mit den Kriterien Planlänge, Durchlaufzeit, Terminabweichungen und Umrüstvorgänge untersucht.

4.2.1 Minimierung der Planlänge

Sucht man für mehrere parallele Prozessoren einen *Plan minimaler Länge*, so muß man ein *NP*-schwieriges Problem lösen. Falls die Verrichtungen der Aufträge während ihrer Bearbeitung unterbrochen werden dürfen, läßt sich $P \mid pmtn \mid C_{max}$ leicht lösen. Es ist bekannt, daß die Planlänge nicht kürzer als das Maximum (1) der Summe der durchschnittlichen Bearbeitungsdauern und (2) der größten auftretenden Bearbeitungsdauer ist. Der folgende Algorithmus konstruiert einen Plan genau dieser Länge.

Algorithmus 4.2.1 *Verfahren von McNaughton für*
$$P \mid pmtn \mid C_{max} \text{ [McN59]}$$

begin
$C^*_{max} := \max\{ \sum_{j=1}^{n} p_j/m, \max_j\{p_j\}\};$
$t := 0; i := 1; j := 1;$
repeat
    if $t + p_j < C^*_{max}$
    then
      begin
      Assign task T_j to processor P_i, starting at time t;
      $t := t + p_j; j := j + 1;$
      - -Verrichtung T_j wird vollständig Prozessor P_i zugeordnet
      end;
    else
      begin
      Starting at time t, assign task T_j for $C^*_{max} - t$ units to
      processor P_i;
      - -Verrichtung T_j wird unterbrochen
      $p_j := p_j - (C^*_{max} - t); t := 0; i := i + 1;$
      end;
until $j = n;$
end; - - $O(n)$

Können Unterbrechungen von Verrichtungen nicht akzeptiert werden, so ist man auf Heuristiken bzw. *approximative Verfahren* angewiesen. Einfache Verfahren dieser Art sind statische *Prioritätsregeln*, die alle Aufträge einmal in einer Liste sortieren und diese dann sequentiell abarbeiten. Es ist bekannt, daß *Listenpläne* 100% schlechter als das Optimum sein können. Auch lassen sich bei einem solchen Vorgehen sogenannte *Anomalien* nachweisen, wie sie in den Abbildungen 4.2.-1 bis 4.2.-5 am Beispiel von $P \mid prec \mid C_{max}$ dargestellt sind. In Abbildung 4.2.-1 sind eine Menge von Verrichtungen und der optimale Plan für zwei Prozessoren, basierend auf der Liste $L = (T_1, T_2, T_3, T_4, T_5, T_6, T_7, T_8)$ dargestellt.

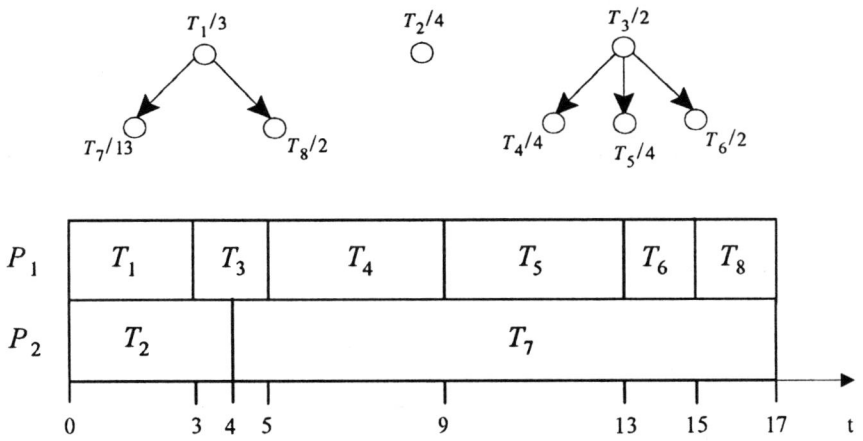

Abbildung 4.2.-1: *Optimaler Plan mit Liste L*

Vertauscht man nur die letzten beiden Elemente von L und erhält man damit $L' = (T_1, T_2, T_3, T_4, T_5, T_6, T_8, T_7)$, so ergibt sich der in Abbildung 4.2.-2 dargestellte Ablaufplan.

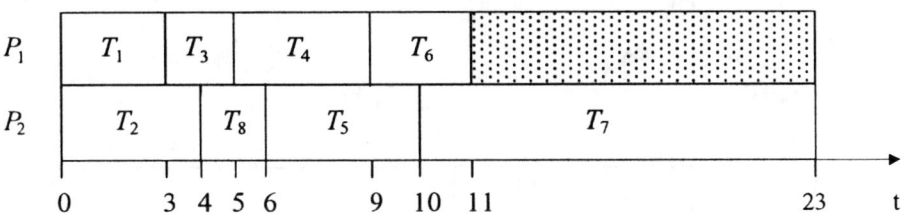

Abbildung 4.2.-2: *Modifizierte Liste L'*

Verringert man die Bearbeitungsdauern aller Verrichtungen um eine Einheit, ergibt sich der in Abbildung 4.2.-3 dargestellte Plan.

Nicht besser ist die Situation, wenn man die Anzahl der Prozessoren auf drei erhöht (vgl. Abbildung 4.2.-4) oder die Vorrangbeziehungen zwischen Verrichtungen relaxiert (vgl. Abbildung 4.2-5).

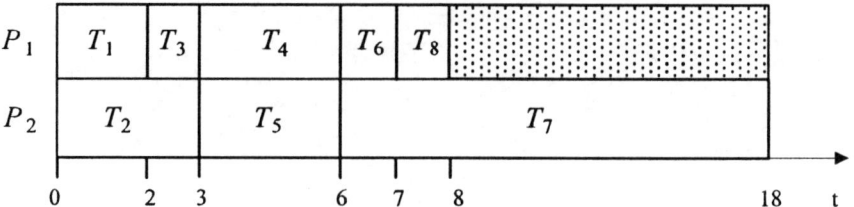

Abbildung 4.2.-3: *Verkürzte Bearbeitungsdauern $p'_j = p_j - 1$*

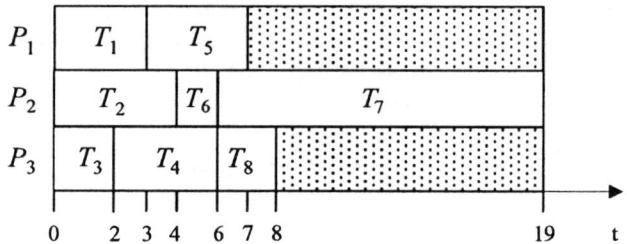

Abbildung 4.2.-4: *Erhöhte Prozessorenanzahl $m = 3$*

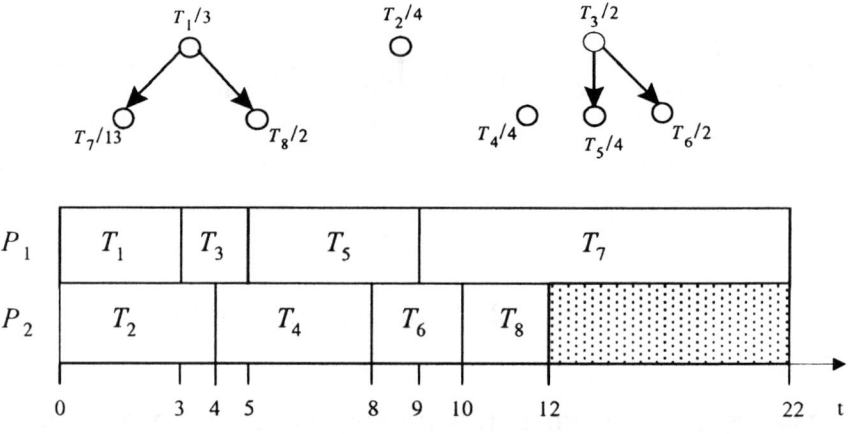

Abbildung 4.2.-5: *Relaxierte Vorrangbeziehungen*

Ein etwas anderes Ergebnis erhält man durch die LPT-Regel, wie sie im Rahmen von Algorithmus 4.2.2 angewendet wird. Im folgenden soll sie für $P \parallel C_{max}$ analysiert werden.

Algorithmus 4.2.2 *Longest Processing Time (LPT) Regel für* $P \parallel C_{max}$

begin
Order tasks on a list in nonincreasing order of their processing times;
for $i = 1$ **to** m **do** $s_i := 0$;
  - - Prozessor P_i ist frei ab $s_i = 0$, $1 \leq i \leq m$
$j := 1$;
repeat
  $s_k := \min\{s_i\}$;
  Assign task T_j to processor P_k at time s_k;
  $s_k := s_k + p_j$; $j := j + 1$;
until $j = n$;
end; - - $O(n \log n)$

Für die LPT-Regel kann man eine *worst-case* Abschätzung ihrer *relativen* Güte von $R_{LPT} = 4/3 - 1/(3m)$ zeigen, d.h. mit der LPT-Regel erzeugte Pläne sind maximal 33% schlechter als das Optimum. Eine differenziertere Abschätzung ergibt sich mit $R_{LPT}(k) = 1 + 1/k - 1/(km)$, wenn man nach k, d.h. der Anzahl von Verrichtungen auf dem Prozessor, dessen Belegung die Planlänge bestimmt, differenziert. Empirische Aussagen lassen sich durch Simulationen gewinnen. Für die LPT-Regel sind in [Ked70] die in Tabelle 4.2.-1 dargestellten Resultate zu finden.

Sind Vorrangbeziehungen zwischen Verrichtungen zu berücksichtigen, findet Algorithmus 4.2.1 nicht mehr die optimale Lösung. In einem solchen Fall läßt sich für $P2 \mid pmtn, prec \mid C_{max}$ und $P \mid pmtn, tree \mid C_{max}$ der folgende Algorithmus 4.2.3 anwenden.

n	m	$p_j \in$	C_{max}	$C_{max}(LPT)/C_{max}(OPT)$
6	3	$[1, 20]$	20	1.00
9	3	$[1, 20]$	32	1.00
15	3	$[1, 20]$	65	1.00
6	3	$[20, 50]$	59	1.05
9	3	$[20, 50]$	101	1.03
15	3	$[20, 50]$	166	1.00
8	4	$[1, 20]$	23	1.09
12	4	$[1, 20]$	30	1.00
20	4	$[1, 20]$	60	1.00
8	4	$[20, 50]$	74	1.04
12	4	$[20, 50]$	108	1.02
20	4	$[20, 50]$	185	1.01
10	5	$[1, 20]$	25	1.04
15	5	$[1, 20]$	38	1.03
20	5	$[1, 20]$	49	1.00
10	5	$[20, 50]$	65	1.06
15	5	$[20, 50]$	117	1.03
25	5	$[20, 50]$	198	1.01

Tabelle 4.2.-1: *Durchschnittliche Güte der LPT-Regel*

Algorithmus 4.2.3 *Verfahren von Muntz und Coffman für*
$P2 \mid pmtn, prec \mid C_{max}$ *und*
$P \mid pmtn, forest \mid C_{max}$ [MC69], [MC70]

begin
for all $T \in \mathcal{T}$ **do** Compute the level of task T;
$t := 0; h := m$;
repeat

Construct set Z of tasks without predecessors at time t;
while $h > 0$ and $| Z | > 0$ **do**
  begin
  Construct subset S of Z consisting of tasks at the highest
  level;
  if $| S | > h$
  then
    begin
    Assign $\beta := h/ | S |$ of a processing capacity to each of the
    tasks from S;
    $h := 0;$ - - ein unzulässiger Teilplan wird konstruiert
    end;
  else
    begin
    Assign one processor to each of the tasks from S;
    $h := h - | S |;$ - - ein zulässiger Teilplan wird konstruiert
    end;
  $Z := Z \setminus S$;
  end;
Calculate time t at which either one of the assigned tasks is fi-
    nished or a point is reached at which continuing with the
    present partial assignment means that a task at a lower level
    will be executed at a faster rate β than a task at a
    higher level;
Decrease levels of the assigned tasks by $(\tau - t)\beta$;
$t := \tau; h := m;$
    - - die zugeordnete Verrichtung wird mit dem Anteil $(\tau - t)\beta$
    - - bearbeitet
until all tasks are finished;
call Algorithm 4.2.1 to re-schedule portions of the processor
    shared schedule to get a normal one;
end; - - $O(n^2)$

Beispiel 4.2.1: Wird der Algorithmus 4.2.3 auf die in Abbildung
4.2.-6 dargestellte Menge von Verrichtungen angewandt, ergeben
sich die im unteren Teil der Abbildung dargestellten Pläne, einmal
vor der Anwendung von Algorithmus 4.2.1 und einmal danach.

(a)

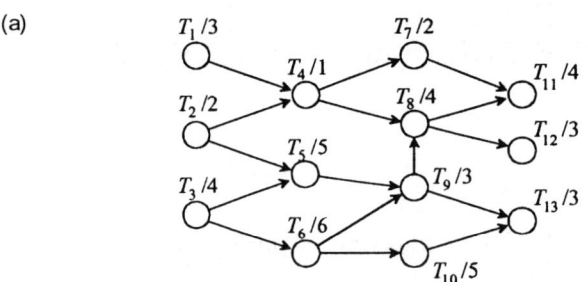

(b)

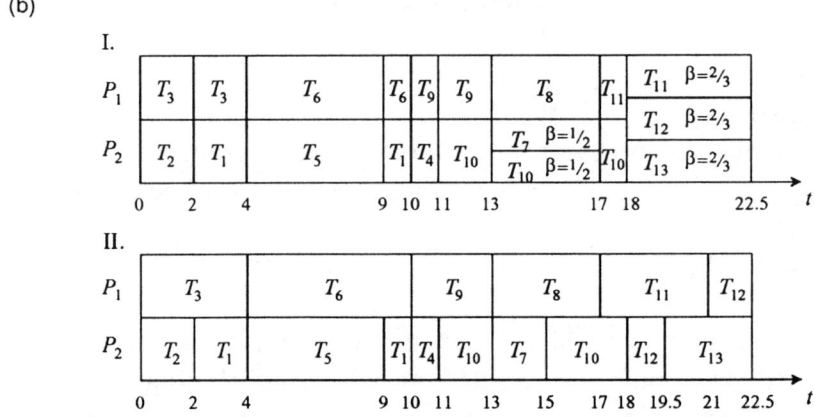

Abbildung 4.2.-6: *Beispiel zur Anwendung von Algorithmus 4.2.3*

Weiterhin ist für $P \mid prec \mid C_{max}$ bekannt, daß Pläne ohne Unterbrechbarkeit von Verrichtungen bis zu 4/3 länger sind als Pläne, bei denen man Unterbrechbarkeit zuläßt. Ein solcher Fall ist in Abbildung 4.2.-7 dargestellt.

4.2.2 Minimierung der Durchlaufzeit

Im Fall von identischen Prozessoren und gleichen Freigabeterminen für alle Verrichtungen sind Unterbrechungen für die Minimierung der *Summe der Durchlaufzeiten* nicht vorteilhaft. Die einfache SPT-Regel, die die Verrichtungen entsprechend nicht fallender

(a)

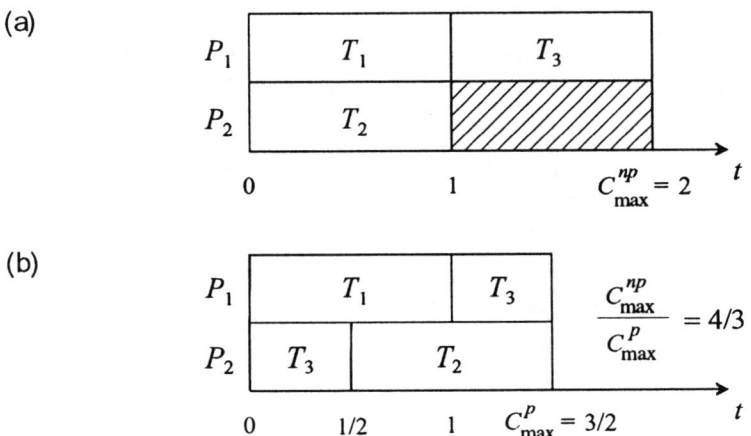

(b)

Abbildung 4.2.-7: *Ein Beispiel für die 4/3-Beobachtung*

Bearbeitungsdauern einplant, löst $P \parallel \sum C_j$.

Algorithmus 4.2.4 *Shortest Processing Time (SPT) Regel für*
$$P \parallel \sum C_j \text{ [CMM67]}$$

begin
Order tasks on list L in non-decreasing order of their processing times;
while $L \neq \emptyset$ **do**
    begin
    Take the m first tasks from the list (if any) and assign these tasks arbitrarily to the m different processors;
    Remove the assigned tasks from list L;
    end;
Process tasks assigned to each processor in SPT order;
end; - - $O(n \log n)$

Problem $Q \mid pmtn \mid \sum C_j$

Arbeiten die Prozessoren mit unterschiedlicher, aber proportionaler Geschwindigkeit, so kann Unterbrechbarkeit von Verrichtungen vorteilhaft für $\sum C_j$ sein. Für einen optimalen Plan kann man zeigen, daß $C_j \leq C_k$ falls $p_j < p_k$ ist. Aufbauend auf dieser Beobachtung läßt sich der folgende Algorithmus formulieren.

Algorithmus 4.2.5 *Verfahren von Gonzalez für*
$$Q \mid pmtn \mid \sum C_j \text{ [Gon77]}$$

begin
Order processors in non-increasing order of their processing speed factors;
Order tasks in non-decreasing order of their standard processing times;
for $j = 1$ **to** n **do**
  begin
  Schedule Task T_j to be completed as early as possible, preempting when necessary;
  end;
end; - - $O(n \log n + nm)$

Ein Beispiel für die Anwendung des Verfahrens ist in Abbildung 4.2.-8 angegeben.

4.2.3   Minimierung der Terminabweichung

Da schon $P2 \parallel L_{max}$ NP-schwierig ist, bleibt wenig Hoffnung für eine einfache Lösbarkeit von Problemen, bei denen Unterbrechbarkeit von Verrichtungen verboten ist. Hier soll diese Einschränkung aufgegeben werden. Während $R \mid pmtn \mid L_{max}$ als *lineares Programm* formuliert und gelöst werden kann, läßt sich $P \mid pmtn \mid L_{max}$ via $P \mid pmtn, r_j, \tilde{d}_j \mid$ als die Suche nach einem zulässigen Fluß in einem kapazitierten Graphen formulieren [Hor74].

P_1	T_1	T_2	T_3	T_4
P_2	T_2	T_3	T_4	$\bullet\ \bullet\ \bullet$
P_3	T_3	T_4	T_5	$\bullet\ \bullet\ \bullet$
	$\vdots$			
P_m	T_m	T_{m+1}	T_{m+2}	$\bullet\ \bullet\ \bullet$

0

Abbildung 4.2.-8: *Beispiel zur Anwendung von Algorithmus 4.2.5*

Problem $P \mid pmtn \mid L_{max}$

Zunächst soll beschrieben werden, wie $P \mid pmtn, r_j, \tilde{d}_j \mid$ gelöst werden kann. Alle Freigabetermine und Deadlines werden so geordnet, daß $e_0 < e_1 < ... < e_k$, $k \leq 2n$, wobei e_i entweder einen Freigabetermin oder eine Deadline oder beides repräsentiert. Dann wird ein Graph konstruiert, der aus zwei Knotenmengen, einer Quelle und einer Senke besteht. Die erste Knotenmenge repräsentiert Zeitintervalle des Ablaufplans, d.h. Knoten w_i korrespondiert zu Intervall $[e_{i-1}, e_i]$, $i = 1, 2, ..., k$. Die zweite Knotenmenge korrespondiert zur Menge der durchzuführenden Verrichtungen. Die Kapazität eines Pfeils, der die Quelle mit einem Knoten w_i der ersten Knotenmenge verbindet, entspricht $m(e_i - e_{i-1})$, d.h. der Bearbeitungskapazität aller Prozessoren im Intervall $[e_{i-1}, e_i]$. Falls eine Verrichtung T_j in $[e_{i-1}, e_i]$ zulässig durchführbar ist, dann wird w_i mit T_j durch einen Pfeil mit der Kapazität $(e_i - e_{i-1})$ verbunden. Knoten T_j werden mit der Senke durch einen Pfeil mit Kapazität p_j verbunden. Da alle Verrichtungen durchgeführt werden müssen, muß diese Kapazität genau eingehalten werden. Die Konstruktion ist in Abbildung 4.2.-9 dargestellt. Eine zulässige Lösung für $P \mid pmtn, r_j, \tilde{d}_j \mid$ entspricht einem zulässigen Fluß in dem eben konstruierten Graphen. Dieser kann in $O(n^3)$ gefunden werden.

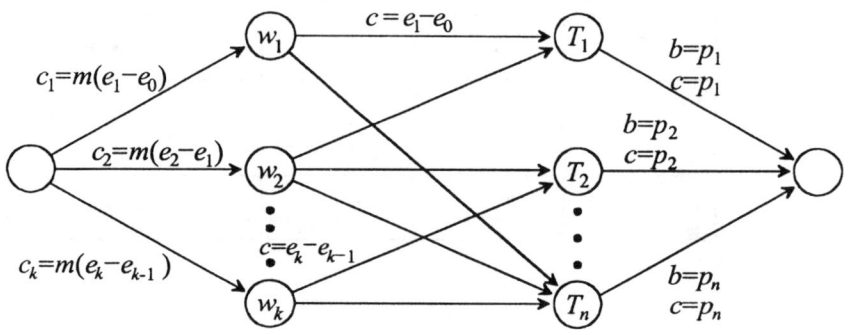

Abbildung 4.2.-9: *Graph für* $P \mid pmtn, r_j, \tilde{d}_j \mid$

Beispiel 4.2.2: Es seien $n = 5$, $m = 2$, $p = (5, 2, 3, 3, 1)$, $r = (2, 0, 1, 0, 2)$ und $\tilde{d} = (8, 2, 4, 5, 8)$. Der konstruierte Graph ist in Abbildung 4.2.-10(a) dargestellt. In Abbildung 4.2.-10(b) ist eine zulässige Lösung angegeben und in Abbildung 4.2.-10(c) der entsprechende Ablaufplan.

$P \mid pmtn \mid L_{max}$ kann durch eine systematische Suche über mögliche Werte von $\tilde{d}_j$ gelöst werden.

4.2.4   Prozessoren mit beschränkter zeitlicher Verfügbarkeit

Bei den meisten praktischen Anwendungen kann nicht davon ausgegangen werden, daß alle Prozessoren kontinuierlich verfügbar sind. Vielmehr werden durch Ausfälle, Wartung, Reparatur oder Vorbelegungen bzw. Reservierungen Intervalle der *Nichtverfügbarkeit* von Prozessoren geschaffen. Deshalb soll in diesem Abschnitt ein Verfahren vorgestellt werden, das beschränkte zeitliche Verfügbarkeiten berücksichtigt. Jeder Prozessor ist nur in bestimmten Zeitintervallen für die Durchführung von Verrichtungen verfügbar.

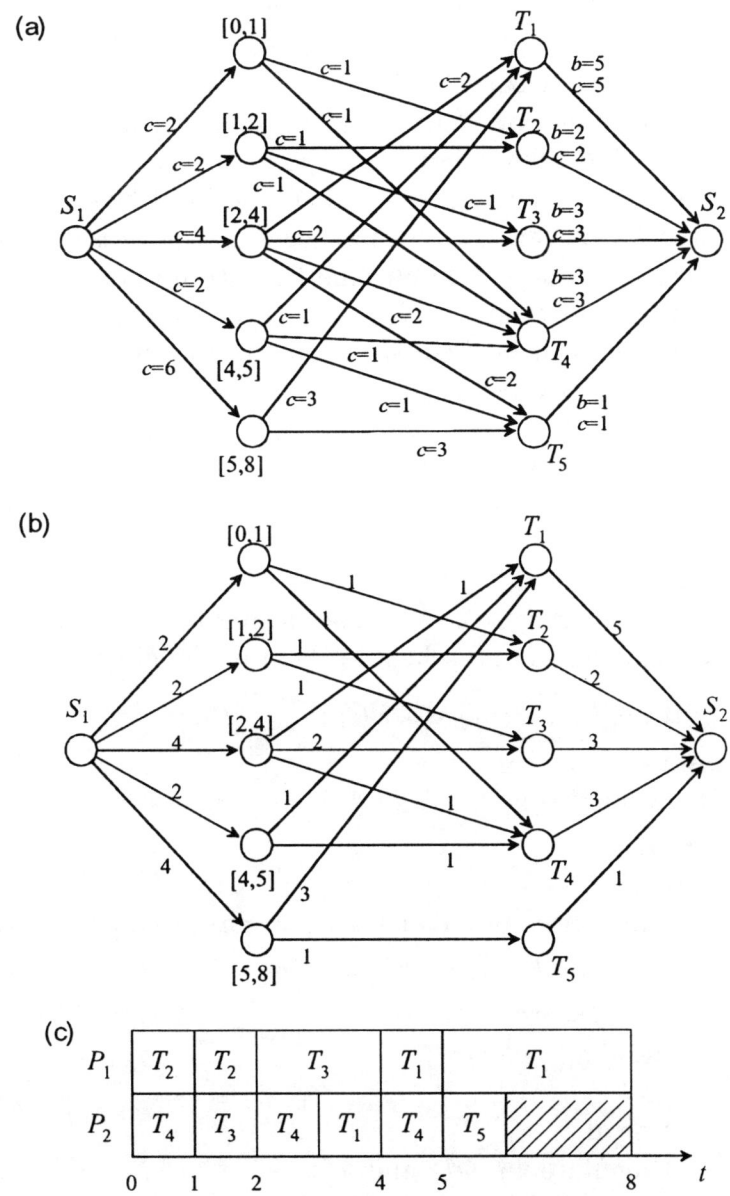

Abbildung 4.2.-10: *Graph und zulässiger Plan für das Beispiel*

Ziel ist es, die Verrichtungen so den Prozessoren zuzuordnen, daß alle Aufträge erfüllt und die Restriktionen aus der Verfügbarkeit der Prozessoren berücksichtigt werden können. Verbietet man die Unterbrechung von Verrichtungen, so ist leicht zu sehen, daß das Problem NP-schwierig ist. Ein polynomialer Algorithmus mit einem Aufwand von $O(n + m\log m)$ wird in [Sch84] für den Fall unterbrechbarer Verrichtungen angegeben. Sind zusätzlich Deadlines zu berücksichtigen, kommt eine Erweiterung des Basisverfahrens mit einem Aufwand von $O(nm\log n)$ zur Anwendung. Einzelheiten dazu lassen sich in [Sch88] finden. Im folgenden wird das Basisverfahren kurz dargestellt.

Algorithmus 4.2.6 *Verfahren von Schmidt für $P, NC \mid pmtn \mid$*
[Sch84]

begin
Order the m largest tasks T_j according to non-increasing processing times and schedule them in the given order;
for all $i \in \{1, \dots, m\}$ **do** $PC_i := \sum\limits_{r=1}^{N(i)} PC_i^r$;
repeat
  if $j < m$ and $p_j > \min\limits_i\{PC_i\}$
  then
    begin
    Find processor P_l with $PC_l = \max\limits_i\{PC_i \mid PC_i < p_j\}$ and
    processor P_k with $PC_k = \min\limits_i\{PC_i \mid PC_i \geq p_j\}$;
    if $PC_k = p_j$
    then call *rule 1*
    else
      begin
      Calculate $\Phi_k^a, \Phi_k^b,$ and Φ_k^c;
      if $p_j - PC_l > \max\{\Phi_k^a, \Phi_k^c\}$
      then
        if $p_j - \Phi_k^b \geq \min\{\Phi_k^a, \Phi_k^c\}$
        then call *rule 2* **else** call *rule3*;
      else call rule 4;

      end;
      end;
    else call *rule 5*;
until $j = n$;
end; - - $O(n + mlogm)$

Bei der Durchführung des Verfahrens muß zunächst die Bearbeitungskapazität PC_i der einzelnen Prozessoren bestimmt werden. Dann werden die Verrichtungen in einer sortierten Reihenfolge sukzessive den Prozessoren zugeordnet. Die Zuordnung erfolgt abhängig von der Struktur der Verfügbarkeitsintervalle, ausgedrückt durch die Werte für Φ_i^a, Φ_i^b und Φ_i^c, unter Anwendung von fünf Regeln, die im folgenden noch beschrieben werden.

Bei der Verfügbarkeit der Prozessoren wird davon ausgegangen, daß die Anordnung der freien Intervalle einem *Treppenmuster* folgt. Ein Treppenmuster impliziert, daß zu jedem Zeitpunkt, zu dem ein Prozessor mit einer größeren Nummer verfügbar ist, auch alle Prozessoren mit kleineren Nummern verfügbar sind. Das Umgekehrte folgt für die Nicht-Verfügbarkeit. Ein Beispiel eines solchen Musters ist in Abbildung 4.2.-11 dargestellt.

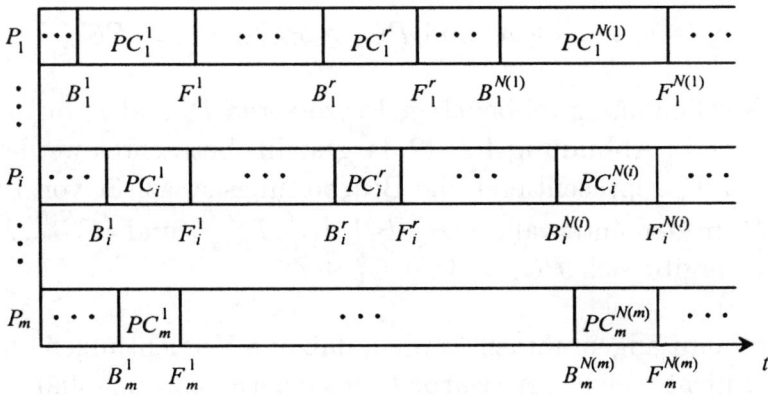

Abbildung 4.2.-11: *Treppenmuster der Verfügbarkeit*

Dabei bedeuten B_i^r (F_i^r) den Beginn (das Ende) des r-ten Verfügbarkeitsintervalls von Prozessor P_i und $PC_i^r = F_i^r - B_i^r$ die Bearbeitungskapazität in diesem Intervall. Jeder Prozessor P_i ist in $N(i) > 0$ Intervallen verfügbar. Die gesamte Bearbeitungskapazität PC_i eines Prozessors P_i ergibt sich aus der Summe der Bearbeitungskapazitäten PC_i^r in den $N(i)$ Verfügbarkeitsintervallen von P_i mit $PC_i = \sum_{r=1}^{N(i)} PC_i^r$.

Liegt ein Treppenmuster vor, so gilt $PC_i^r \leq PC_{i-1}^r$ und $PC_i \leq PC_{i-1}$ mit $1 < i \leq m$. Es soll angenommen werden, daß $n \geq m$; falls $n < m$, werden nur die ersten n Prozessoren für die Erstellung des Ablaufplans benötigt. Um einen zulässigen Plan finden zu können, müssen die Bearbeitungsdauern der Verrichtungen und die Bearbeitungskapazitäten der Prozessoren die folgenden Bedingungen erfüllen:

$$
\begin{aligned}
p_1 &\leq PC_1 \\
p_1 + p_2 &\leq PC_1 + PC_2 \\
&\cdots \\
p_1 + p_2 + \ldots + p_{m-1} &\leq PC_1 + PC_2 + \ldots + PC_{m-1} \\
p_1 + p_2 + \ldots + p_n &\leq PC_1 + PC_2 + \ldots + PC_m
\end{aligned}
$$

wobei $p_1 \geq p_2 \geq \ldots \geq p_n$ und $PC_1 \geq PC2 \geq \ldots \geq PC_m$.

Es sollen nun zwei beliebige Prozessoren P_k und P_l mit $PC_k > PC_l$, wie in Abbildung 4.2.-12 dargestellt, betrachtet werden. Φ_k^a, Φ_k^b und Φ_k^c repräsentieren die Bearbeitungskapazität von Prozessor P_k in den Intervallen $[B_k^1, B_l^1]$, $[B_l^1, F_l^{N(l)}]$ und $[F_l^{N(l)}, F_k^{N(k)}]$. Damit ergibt sich $PC_k = \Phi_k^a + \Phi_k^b + \Phi_k^c$.

Es soll nun angenommen werden, daß alle Verrichtungen entsprechend nicht steigender Bearbeitungsdauern geordnet sind und die Verfügbarkeit der Prozessoren einem Treppenmuster entspricht. Alle Verrichtungen T_j werden in der gegebenen Reihenfolge durch Auswahl einer der folgenden fünf *Regeln* eingeplant. Die Regeln

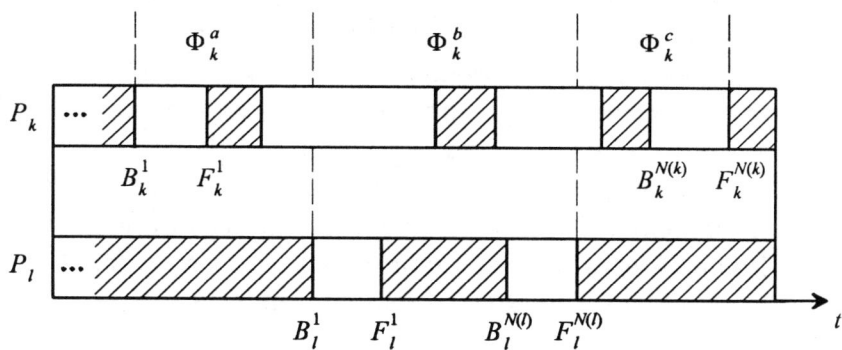

Abbildung 4.2.-12: *Treppenmuster für zwei beliebige Prozessoren*

1-4 werden angewendet, wenn $1 \leq j < m$, $p_j > \min_i\{PC_i\}$ und zwei Prozessoren P_k und P_l existieren, für die gilt:

$$PC_l = \max_i\{PC_i \mid PC_i < p_j\} \text{ und } PC_k = \min_i\{PC_i \mid PC_i \geq p_j\}$$

Die Regel 5 wird aufgerufen, wenn $m \leq j \leq n$ oder $p_j \leq \min_i\{PC_i\}$. Im folgenden werden nur die Regeln beschrieben. Einen Beweis für die Korrektheit des Vorgehens findet man in [Sch84].

Regel 1 Bedingung: $p_j = PC_k$.

Plane Verrichtung T_j auf Prozessor P_k so ein, daß alle Intervalle $[B_k^r, F_k^r]$, $r = 1, \ldots, N(k)$, vollständig mit T_j gefüllt werden; verbinde Prozessoren P_k und P_l zu einem virtuellen Prozessor P_k, der in allen nicht belegten Intervallen des ursprünglichen Prozessors P_l verfügbar ist; $PC_k := PC_l$ und $PC_l := 0$.

Regel 2 Bedingung: $p_j - PC_l > \max\{\Phi_k^a, \Phi_k^c\}$ und $p_j - \Phi_k^b \geq \min\{\Phi_k^a, \Phi_k^c\}$.

Plane Verrichtung T_j auf Prozessor P_k in seinen freien Intervallen in $[B_l^1, F_l^{N(l)}]$ ein; falls Φ_k^a (Φ_k^c) das Minimum bestimmt, werden alle freien Intervalle von P_k in $[B_k^1, B_l^1]$ ($[F_l^{N(l)}, F_k^{N(k)}]$)

für die Einplanung von T_j belegt, und die verbleibenden Bearbeitungsanforderungen dieser Verrichtung (falls es solche noch gibt) werden in den freien Intervallen von P_k in $[F_l^{N(l)}, F_k^{N(k)}]$ ($[B_k^1, B_l^1]$) von links nach rechts (rechts nach links) so eingeplant, daß das r-te Intervall vollständig mit T_j gefüllt ist, bevor das $(r+1)$-te $((r-1)$-te) gefüllt wird. Die Prozessoren P_k und P_l werden zu einem virtuellen Prozessor P_k verbunden, der in allen verbleibenden freien Intervallen der ursprünglichen Prozessoren P_k und P_l verfügbar ist; $PC_k := PC_k + PC_l - p_j$ und $PC_l := 0$.

Regel 3 Bedingung: $p_j - PC_l > \max\{\Phi_k^a, \Phi_k^c\}$ and $p_j - \Phi_k^b < \min\{\Phi_k^a, \Phi_k^c\}$.

Falls $\Phi_k^a(\Phi_k^c)$ das Minimum bildet, plane Verrichtung T_j auf Prozessor P_k so ein, daß seine freien Bearbeitungsintervalle in $[B_k^1, B_l^1]([F_l^{N(l)}, F_k^{N(k)}])$ vollständig mit T_j belegt sind; belege Prozessor P_k im Intervall $[B_l^r, F_l^r], r = 1, ..., N(l)$ vollständig mit T_j und benutze die verbleibende Bearbeitungskapazität von P_k im Intervall $[B_l^1, F_l^{N(l)}]$, um Verrichtung T_j mit ihren verbleibenden Bearbeitungsanforderungen von links nach rechts (rechts nach links) einzuplanen, so daß das $(r+1)$-te $((r-1)$-te) erst dann belegt wird, wenn das r-te Intervall vollständig mit T_j gefüllt ist. Es wird einen Zeitpunkt t im Intervall $[B_l^1, F_l^{N(l)}]$ geben, bis zu dem (nachdem) die Verrichtung T_j kontinuierlich auf dem Prozessor P_k durchgeführt wird (Intervalle, in denen P_k nicht verfügbar ist, sind nicht berücksichtigt). Verrichtung T_j wird jetzt mit ihren Bearbeitungsanforderungen, die nach (vor) t auf Prozessor P_l eingeplant waren, in den betreffenden Zeitintervallen eingeplant. Prozessoren P_k und P_l werden zu einem virtuellen Prozessor P_k verbunden, der in den verbleibenden freien Bearbeitungsintervallen der ursprünglichen Prozessoren P_k und P_l verfügbar ist; $PC_k := PC_k + PC_l - p_j$ und $PC_l := 0$.

Regel 4 Bedingung: $p_j - PC_l \leq \max\{\Phi_k^a, \Phi_k^c\}$.

Plane Verrichtung T_j auf Prozessor P_l ein, so daß alle seine Intervalle $[B_l^r, F_l^r], r = 1, ..., N(l)$ vollständig mit T_j gefüllt sind.

Falls $\Phi_k^a(\Phi_k^c)$ das Maximum bildet, plane Verrichtung T_j mit ihren verbleibenden Bearbeitungsanforderungen auf Prozessor P_k
in den freien Bearbeitungsintervallen von $[B_k^1, B_l^1]([F_l^{N(l)}, F_k^{N(k)}])$
von links nach rechts (rechts nach links) ein, so daß das r-te Bear-
beitungsintervall vollständig mit T_j gefüllt ist, bevor das $(r+1)$-te
$((r-1)$-te) Intervall belegt wird. Prozessoren P_k und P_l werden zu
einem virtuellen Prozessor P_k verbunden, der in den verbleibenden freien Bearbeitungsintervallen des ursprünglichen Prozessors
P_k verfügbar ist; $PC_k := PC_k + PC_l - p_j$, und $PC_l := 0$.

Regel 5 Bedingung: alle anderen Fälle.

Plane Verrichtung T_j und alle anderen Verrichtungen in be-
liebiger Reihenfolge in den verbliebenen freien Bearbeitungsintervallen von links nach rechts ein. Beginne mit Prozessor P_k und
belege einen Prozessor $i < k$ nur dann, wenn der Prozessor P_{i+1}
vollständig belegt ist.

In [Sch84] wird gezeigt, daß *beliebige* Muster der Verfügbarkeit
von Prozessoren in Treppenmuster umgewandelt werden können.
Die Zeit, die für die Umwandlung benötigt wird, ist abhängig von
der Anzahl der ursprünglichen Verfügbarkeitsintervalle.

Es ist leicht zu sehen, daß mit Hilfe obigen Ungleichungs-
systems C_{max} bestimmt werden kann und dann mit Algorithmus 4.2.4 auch $P, NC \mid pmtn \mid C_{max}$ gelöst werden kann. In
[BEPSW96] werden verschiedene Erweiterungen des Problems der
beschränkten zeitlichen Verfügbarkeit von Prozessoren diskutiert.

4.2.5 Simultane Losgrößen- und Ablaufplanung

Es soll das gleiche Problem der Minimierung der Anzahl der *Umrüstvorgänge* wie in Abschnitt 4.1 betrachtet werden, jetzt aber
mit der Erweiterung, daß $m > 1$ identische Prozessoren P_i, $i =
1, ..., m$ für die Bearbeitung unterschiedlicher Auftragstypen J_j
zur Verfügung stehen. Weiterhin gelten die Annahmen, daß zwei
Auftragstypen einzuplanen sind und daß sich kumuliertes Kapa-

zitätsangebot und kumulierte Kapazitätsnachfrage entsprechen, d.h. jeder Ablaufplan belegt alle Prozessoren vollständig mit Aufträgen. Es muß noch entschieden werden, *welcher* UTI auf *welchem* Prozessor ein Auftrag zugewiesen wird. Wir wollen annehmen, daß die Planung auf rollierender Basis erfolgt und somit UTI $h = 0$ schon einem Auftragstyp zugeordnet ist.

Problem $P \mid p_j = 1, \tilde{d}_j \mid \sum CO$

Der Algorithmus ordnet jeder Verrichtung freie UTI so zu, daß alle Liefertermine eingehalten werden und keine andere Zuordnung die Anzahl der Umrüstvorgänge verringern kann. Zu diesem Zweck müssen nicht belegte UTI klassifiziert werden und Einplanungsentscheidungen entsprechend dieser Klassifikation getroffen werden. Mit bezug auf jede Deadline $\tilde{d}_k$ wird eine *"Sequenz von freien UTI"* (SEU) definiert als ein Verfügbarkeitsintervall $[h^*, h^* + u - 1]$ auf einem Prozessor, das aus u direkt aufeinander folgenden, leeren UTI besteht. UTI $h^* - 1$ ist belegt; UTI $h^* + u$ ist entweder belegt, oder es ist das erste UTI, das auf eine Deadline folgt. Jedes SEU kann durch das Tripel (i, h^*, u) charakterisiert werden, wobei i die Nummer des Prozessors angibt, auf dem sich die SEU befindet, h^* das erste leere UTI und u die Anzahl von UTI in dieser Sequenz sind.

Weiterhin wird zwischen *"Klassen"* von SEU unterschieden. Die Unterscheidung erfolgt entsprechend der Belegung der UTI $h^* - 1$ und $h^* + u$. Falls $h^* + u$ frei ist, wird dies mit "E" vermerkt; alle anderen Zuordnungen von UTI werden durch den entsprechenden Auftragstyp (q oder r) markiert. Eine "Klasse" läßt sich somit durch das Paar $[x, y]$ beschreiben, wobei $x, y \in \{q, r, E\}$. Diese Unterscheidung führt zu neun Klassen von SEU, von denen nur $[q, r]$, $[q, E]$, $[r, q]$ und $[r, E]$ betrachtet werden müssen.

In Abbildung 4.2.-13 werden die Definitionen nochmals an Hand eines Beispiels verdeutlicht. UTI $h = 0$ ist vorbelegt. Bezogen auf Deadline $\tilde{d}_1 = 5$ ergibt sich die SEU $(2, 5, 1)$ der Klasse $[1, E]$; für $\tilde{d} = 10$ ergeben sich $(1, 8, 3)$ der Klasse $[1, E]$, $(2, 5, 2)$

der Klasse $[1,2]$ und $(2,9,2)$ der Klasse $[2,E]$.

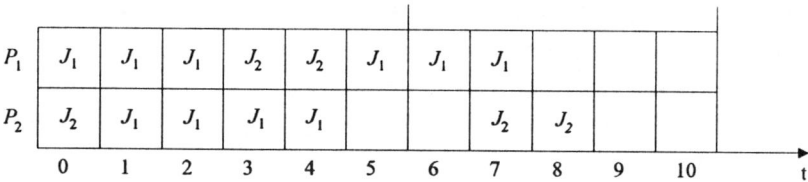

Abbildung 4.2.-13: *Verschiedene Arten von SEU*

Für jede Deadline $\tilde{d}_k$ müssen $n_{qk} \geq 0$ und $n_{rk} \geq 0$ Aufträge eingeplant werden. Alle Aufträge werden entsprechend nicht fallender Deadlines von links nach rechts von $k = 1$ bis zu $k = K$ durch die Anwendung der Regeln des folgenden Algorithmus eingeplant.

Algorithmus 4.2.7 *Verfahren von Pattloch und Schmidt für*
$$P \mid p_j = 1, \tilde{d}_j \mid \sum CO \ [PS96]$$

begin
for $k = 1$ **to** K **do**
  while tasks required at d_k are not finished **do**
    begin
    if class $[j, E]$ is not empty
    then Assign a task of job type j to UTI h^* of a SEU (i, h^*, u)
        of class $[j, E]$ with minimum u;
    else
      if classes $[q, r]$ or $[r, q]$ are not empty
      then Assign a task of job type $q(r)$ to UTI h^* of a SEU
          (i, h^*, u) class $[q, r]$ $([r, q])$ or if this class is empty to
          UTI $h^* + u - 1$ of a SEU (i, h^*, u) of class $[r, q]([q, r])$
      else Assign a task of job type $q(r)$ to UTI $h^* + u - 1$ of a
          SEU (i, h^*, u) of class $[r, E]([q, E])$ with maximum u;
    Use the new task assignment to calculate SEU of classes $[r, E]$,
    $[r, q], [q, r]$ and $[q, E]$;
    end;

end; - - $O(Hm)$

Falls die Schleife nicht abgeschlossen werden kann, hat das Problem keine zulässige Lösung. Nach jeder Iteration ist es nötig, die Klassen der SEU neu zu bestimmen, da sich durch die Belegung von UTI h^* oder $h^* + u - 1$ die Zuordnungen verändert haben können.

Beispiel 4.2.3: Es seien $m = 3$, $J = \{J_1, J_2\}$, $\tilde{d} = (4, 8, 11)$, $n_{11} = 3$, $n_{12} = 7$, $n_{13} = 5$, $n_{21} = 5$, $n_{22} = 6$, $n_{23} = 7$. Die Vorbelegung auf den Prozessoren ist J_1 auf P_1 und J_2 auf P_2 und $P3$. In Abbildung 4.2.-14 ist der optimale Plan angegeben.

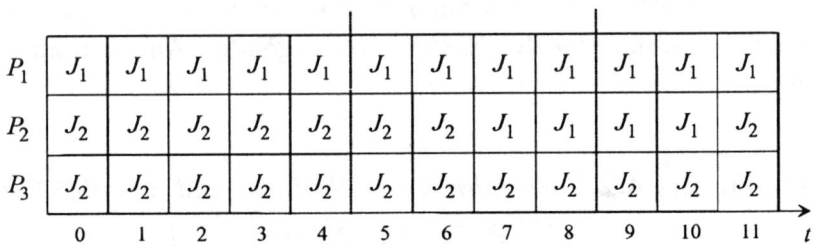

Abbildung 4.2.-14: *Optimaler Plan für das Beispiel*

Es läßt sich zeigen, daß der Algorithmus 4.2.7 immer dann einen optimalen Ablaufplan erzeugt, wenn einer existiert. Die Zulässigkeit des Vorgehens wird durch die Einplanung entsprechend der frühesten Deadline berücksichtigt. Die Optimalität wird über die Auswahl der UTI festgelegt. Für die Beweisführung und Überlegungen zur Berücksichtigung von Lagerbeschränkungen sei auf [PS96] verwiesen.

4.3 Spezialisierte Prozessoren

Bei der Einplanung von Aufträgen ist häufig zu beachten, daß Verrichtungen nur auf bestimmten Prozessoren bearbeitet werden können. In solchen Fällen spricht man von Arbeitssystemen mit *spezialisierten Prozessoren*. Dabei haben sich zwei Modelle herausgebildet, die sich durch die zu beachtenden Vorrangbeziehungen zwischen den Verrichtungen der Aufträge unterscheiden. Bei beiden Modellen sind die Vorrangbeziehungen Ketten, jedoch haben diese unterschiedliche Ausprägungen. Eine *Kette* ist der Spezialfall eines Baums, bei dem jeder Knoten maximal einen Vorgänger und maximal einen Nachfolger hat. Ist die Reihenfolge, in der die Verrichtungen eines Auftrags die Prozessoren belegen, für alle Aufträge die gleiche, so spricht man von *Flow Shops*; den anderen Fall bezeichnet man als *Job Shop*. Flow Shops sind Spezialfälle von Job Shops. Mögliche Vorrangbeziehungen der Verrichtungen eines Auftrags sind in Abbildung 4.3.-1 dargestellt. J_1 und J_2 bilden einen Flow Shop, J_1, J_2 und J_3 einen Job Shop.

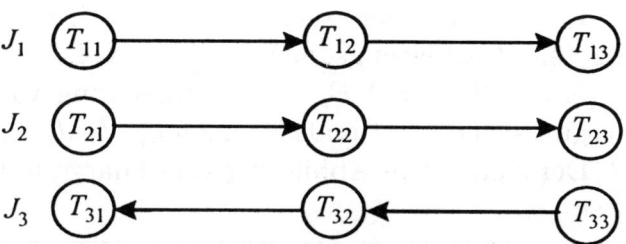

Abbildung 4.3.-1: *Vorrangbeziehungen bei Flow und Job Shops*

4.3.1 Flow Shops

Ein *Flow Shop* definiert ein Arbeitssystem, das dem Objektprinzip folgt. Es besteht aus einer Menge von Prozessoren, die jeden Auftrag auf die gleiche Weise bearbeiten, d.h. die i-te Verrichtung eines Auftrags wird immer von Prozessor P_i durchgeführt. In diesem Abschnitt wird zunächst ein optimales Verfahren für einen Flow Shop mit zwei Prozessoren und dem Ziel der *Minimierung der Planlänge* vorgestellt. Für den allgemeineren Fall mit m Prozessoren wird dann ein approximatives Verfahren angegeben.

Problem $F2 \parallel C_{max}$

Dieses Problem läßt sich mit dem folgenden Verfahren lösen.

Algorithmus 4.3.1 *Johnson Verfahren für* $F2 \parallel C_{max}$ [Joh54]

begin
Create set of jobs $\mathcal{J} = \{J_j \in J \mid p_{1j} \leq p_{2j}\}$;
Schedule all jobs from $\mathcal{J}$ in non-decreasing order of their p_{1j} on
both processors;
Schedule the remaining jobs in non-increasing order of their p_{2j}
on both processors;
end; - - $O(n \log n)$

Beispiel 4.3.1: Gegeben seien die Aufträge J_1, J_2, J_3, J_4
und J_5 mit den Bearbeitungsdauern $p_{1j} = (4, 4, 30, 6, 2)$ auf P_1
und $p_{2j} = (5, 1, 4, 30, 3)$ auf P_2. Nach Anwendung von Algorithmus 4.3.1 ergibt sich die optimale Reihenfolge J_5, J_1, J_4, J_3, J_2 mit
$C_{max} = 47$. Der Plan ist in Abbildung 4.3.-2 dargestellt.

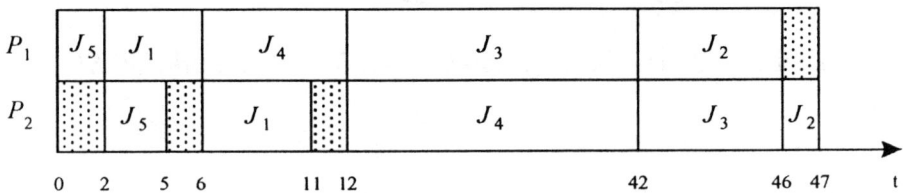

Abbildung 4.3.-2: *Optimaler Plan für das Beispiel*

Algorithmus 4.3.1 ist auch anwendbar auf $F3 \parallel C_{max}$ falls
$\min\{p_{1j}\} \geq \max\{p_{2j}\}$ oder $\min\{p_{3j}\} \geq \max\{p_{2j}\}$. In beiden
Fällen sind die Bearbeitungsdauern auf dem zweiten Prozessor
ohne Bedeutung für die Optimierung. Für die Anwendung des
Algorithmus setzt man $p'_{1j} := p_{1j} + p_{2j}$ bzw. $p'_{2j} := p_{2j} + p_{3j}$.

Problem $F \parallel C_{max}$

Für das allgemeine Problem $F \parallel C_{max}$ existieren approximative Verfahren, deren Lösungsgüte für den *worst-case* Fall abgeschätzt werden kann. So existiert ein relativ approximatives
Verfahren A_H, das einen Plan erzeugt, dessen Güte im Vergleich
zum Optimum im schlechtesten Fall durch $(C_{max}(A_H) - C^*_{max})/$
$C^*_{max}) \leq \lceil m/2 \rceil$ angegeben werden kann [GS78, RS83]. Eine solche
Heuristik läßt sich durch die geeignete Bildung von virtuellen Verrichtungen konstruieren. Angenommen, es sind n Aufträge auf m
Prozessoren zu bearbeiten. Man faßt die ersten $\lceil m/2 \rceil$ Verrichtungen eines Auftrags zu einer Superverrichtung A_j und die restlichen
$m - \lceil m/2 \rceil$ Verrichtungen zur Superverrichtung B_j zusammen. Die
so modifizierten Aufträge bestehen nun aus zwei Verrichtungen
mit Bearbeitungsdauern $a_j = \sum_{i=1}^{\lceil m/2 \rceil} p_{ij}$ und $b_j = \sum_{i=\lceil m/2 \rceil+1}^{m} p_{ij}$.
A_j wird auf dem virtuellen Prozessor P'_1 und B_j auf dem virtuel-
len Prozessor P'_2 eingeplant. Damit ist ein $F2 \parallel C_{max}$ Problem zu
lösen. Der folgende Algorithmus 4.3.2 gibt diese Heuristik wieder.

Algorithmus 4.3.2 *Approximatives Verfahren von Röck und*
Schmidt für $F \parallel C_{max}$ [RS83]

begin
Solve the flow shop problem for two machines P'_1, P'_2 where each
job J_j has processing time $a_j = \sum_{i=1}^{\lceil m/2 \rceil} p_{ij}$ on P'_1 and processing
time $b_j = \sum_{i=\lceil m/2 \rceil+1}^{m} p_{ij}$ on P'_2, respectively;
Let S be the two-machine schedule thus obtained;
Schedule the jobs on the given m machines according to the two
machine schedule S;
end;

Ein absolut approximatives Verfahren wird in [Bar81] vorgeschlagen. Für die worst-case Analyse, die unabhängig von n ist,
ergibt sich $C_{max}(A_H) - C^*_{max} = (m-1)(3m-1)p_{max}/2$.

Fordert man, daß die Bearbeitung eines Auftrags ohne Wartezeiten zu erfolgen hat, kann man das durch eine no-wait Bedingung ausdrücken. Ein optimaler Plan für $F \mid no - wait \mid C_{max}$ kann im schlechtesten Fall fast m-mal so lang sein wie der entsprechende optimale Plan für $F \parallel C_{max}$, d.h. $C^*_{max}(no-wait)/C^*_{max} < m$ mit $m \geq 2$.

4.3.2   Job Shops

Ein Job Shop definiert ein Arbeitssystem, das dem Funktionsprinzip folgt. Jeder Auftrag muß in einer bestimmten Reihenfolge von den Prozessoren bearbeitet werden, jedoch können sich unterschiedliche Aufträge in ihren Reihenfolgen unterscheiden, d.h. die i-te Verrichtung eines Auftrags muß nicht immer von Prozessor P_i durchgeführt werden. Job Shop Probleme sind Verallgemeinerungen von Flow Shop Problemen und damit wenigstens genauso schwierig wie diese. Zunächst wird ein Problem mit zwei Prozessoren und dem Ziel der Minimierung der Planlänge optimal gelöst. Für den allgemeineren Fall mit m Prozessoren wird wieder ein heuristisches Verfahren angegeben.

Problem $J2 \mid n_j \leq 2 \mid C_{max}$

Man unterscheidet vier Typen von Aufträgen: $\mathcal{J}_1, \mathcal{J}_2, \mathcal{J}_{12}$ und $\mathcal{J}_{21}$. Alle Aufträge aus $\mathcal{J}_1$ werden nur auf P_1 bearbeitet werden, die aus $\mathcal{J}_2$ nur auf P_2, die aus $\mathcal{J}_{12}$ zuerst auf P_1 und dann auf P_2 und die aus $\mathcal{J}_{21}$ zuerst auf P_2 und dann auf P_1. Das folgende Verfahren generiert einen optimalen Plan für dieses Problem.

Algorithmus 4.3.3 *Jackson Verfahren für* $J2 \mid n_j \leq 2 \mid C_{max}$
[Jac56]

begin
Apply Algorithm 4.3.1 for $\mathcal{J}_{12}$;
Apply Algorithm 4.3.1 for $\mathcal{J}_{21}$;
Assign jobs to processor P_1 in the order $\mathcal{J}_{12}, \mathcal{J}_1, \mathcal{J}_{21}$;
Assign jobs to processor P_2 in the order $\mathcal{J}_{21}, \mathcal{J}_2, \mathcal{J}_{12}$;

- - Aufträge aus $\mathcal{J}_1$ und $\mathcal{J}_2$ werden nicht sortiert
end; - - $O(n \log n)$

Beispiel 4.3.2: Gegeben seien die Aufträge $J_1, J_2, J_3, J_4, J_5, J_6$ und J_7. Die Aufträge J_1, J_2 und J_3 sollen zuerst auf P_1 und dann auf P_2 bearbeitet werden; J_4 und J_5 sollen zuerst auf P_2 und dann auf P_1 bearbeitet werden. J_6 wird nur auf P_1 und J_7 nur auf P_2 bearbeitet. Die Bearbeitungsdauern auf P_1 sind $p_{1j} = (4, 4, 30, 6, 2, 5, -)$ und auf P_2 sind $p_{2j} = (5, 1, 4, 30, 3, -, 4)$. Nach Anwendung des Verfahrens ergibt sich auf Prozessor P_1 die Reihenfolge $J_1, J_3, J_2, J_6, J_5, J_4$ und auf Prozessor P_2 die Reihenfolge $J_5, J_4, J_7, J_1, J_3, J_2$.

Problem $J \parallel C_{max}$

Eine mögliche Repräsentationsform des Job Shop Problems mit m Prozessoren und n Aufträgen ist ein disjunktiver Graph $G = (V, C \cup D)$, bestehend aus

- einer Menge von Knoten $V = T \cup \{s, t\}$, wobei T die Menge aller Verrichtungen und s und t eine zusätzliche Quelle und Senke darstellen,

- einer Menge von konjunktiven Pfeilen C und

- einer Menge von disjunktiven Pfeilen D.

Jedem Knoten T_{ij} ist ein Gewicht p_{ij} zugeordnet, das der Bearbeitungsdauer der jeweiligen Verrichtung entspricht; s und t haben als Gewicht Null. C repräsentiert die Reihenfolge der Bearbeitung der Verrichtungen, die zum gleichen Auftrag gehören, und D repräsentiert die Nachfrage der Aufträge nach Prozessoren, d.h. Verrichtungen, die den gleichen Prozessor benötigen, werden paarweise durch Pfeile, die in beiden Richtungen verlaufen, verbunden. Ein Ablaufplan für einen Job Shop entspricht der Angabe der Reihenfolge der Verrichtungen, die mit Hilfe des gleichen Prozessors bearbeitet werden. Ausgedrückt wird dies durch einen schleifenfreien Teilgraphen von G der alle konjunktiven und eine Auswahl der disjunktiven Pfeile enthält. Dabei wird von den beiden Pfeilen, die Verrichtungspaare verbinden, genau ein Pfeil ausgewählt. In Abbildung 4.3.-3 ist ein disjunktiver Graph und in Abbildung 4.3.-4 ein entsprechender Ablaufplan für das folgende Beispiel dargestellt.

Beispiel 4.3.3: Gegeben seien zwei Aufträge J_1 und J_2 und drei Prozessoren P_1, P_2 und P_3. Jeder Auftrag besteht aus drei Verrichtungen mit der folgenden Zuordnung von Prozessor und Bearbeitungsdauer (T_{ij}, P_i, p_{ij}) : $(T_{11}, P_1, 3)$; $(T_{21}, P_2, 1)$; $(T_{31}, P_3, 3)$; $(T_{12}, P_1, 2)$; $(T_{22}, P_3, 2)$; $(T_{32}, P_2, 1)$.

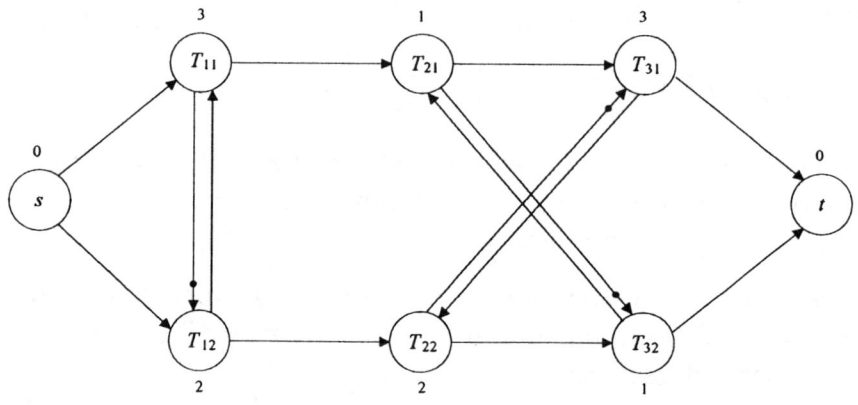

Abbildung 4.3.-3: *Disjunktiver Graph für das Beispiel*

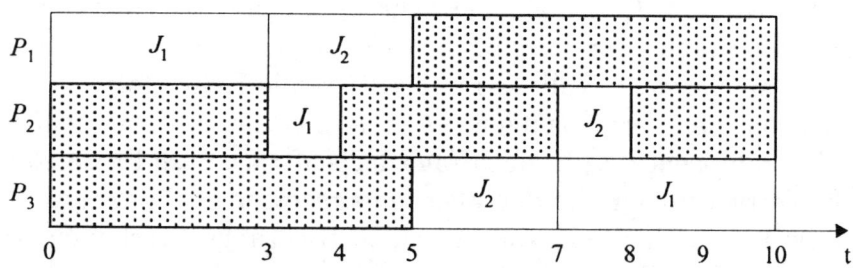

Abbildung 4.3.-4: *Zulässiger Ablaufplan für das Beispiel*

Die Länge des jeweiligen Plans wird durch einen Pfad in G

angegeben. Für den Ablaufplan in Abbildung 4.3.-4 ergibt sich der Pfad $(s, T_{11}), (T_{11}, T_{12}), (T_{12}, T_{22}), (T_{22}, T_{31})$ und (T_{31}, t). Die kürzeste Planlänge zu finden, bedeutet, ein NP-schwieriges Problem zu lösen. Dazu muß man auf enumerative Verfahren wie beispielsweise Branch and Bound zurückgreifen. Die optimale Lösung für das Beispielproblem ist in Abbildung 4.3.-5 dargestellt.

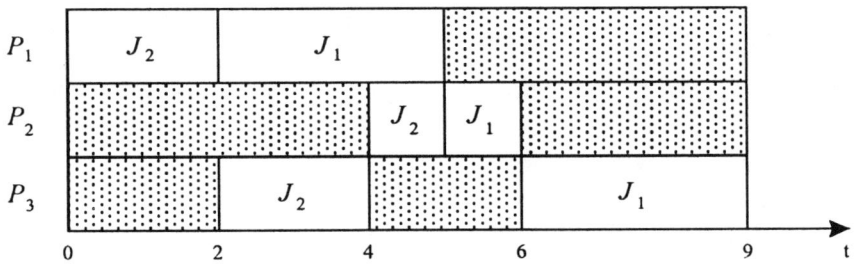

Abbildung 4.3.-5: *Optimaler Ablaufplan für das Beispiel*

Möchte oder muß man auf den Optimalitätsanspruch verzichten, so bieten sich auch hier *Heuristiken* für die Lösungssuche an. Eine von vielen solcher Heuristiken ist *Simulated Annealing* [AK90]. Das Verfahren hat seine Bezeichnung durch die Ähnlichkeit des Vorgehens mit physikalischen Schmelzprozessen. Basis ist die folgende Überlegung. Aufbauend auf einem gegebenen Schmelzzustand, werden zufällig ausgewählte Partikel neu vermischt. Die Vermischung führt zu einem neuen Energievorrat der Schmelze, von dem ausgehend eine weitere Vermischung durchgeführt wird. Der neue Schmelzzustand wird in Abhängigkeit von Energie und Temperatur mit einer entsprechenden Wahrscheinlichkeit akzeptiert. Bei der Lösung des Job Shop Problems führt dies zu einer iterativen Prozedur. Erzeugte Ablaufpläne repräsentieren Schmelzzustände, und der Wert des Zielkriteriums repräsentiert den Energievorrat. Man beginnt mit einer Startlösung, von der aus neue Lösungen, ausgehend von Nachbarlösungen, durch Vertauschungsoperationen generiert werden. Das Verfahren bricht nach einer vorgegeben Anzahl von Iterationen bzw. vorgegebener Rechenzeit ab.

Algorithmus 4.3.4 Simulated Annealing für $J \parallel C_{max}$ [MSS88]

begin
Generate S_i;   - - Startlösung wird erzeugt
for $k = 1, \ldots, K$ **do**   - - Anzahl Stufen
  for $m = 1, \ldots, M_k$ **do**   - - Anzahl Suchvorgänge auf jeder
                                           - - Stufe

  begin
  Generate S_j from $\mathcal{N}_i$;   - - $\mathcal{N}_i$ ist die Nachbarschaft des Plans
                                             - - S_i

  if $C_{max}^j - C_{max}^i < 0$
  then $i := j$;
  else
      if $AP_{ij}(k) >$ random $[0,1)$
        - - $AP_{ij}(k)$ ist die Wahrscheinlichkeit, daß
        - - S_j als neue Lösung akzeptiert wird
      then $i := j$;
      else Perform a local search from S_j and find schedule
          S_{i_0};
  if $C_{max}^{i_0} - C_{max}^i < 0$ **then** $i := i_0$;
  Keep the best solution found so far;
  end;
end;

In [BESW94] werden die Ergebnisse dieses Verfahrens mit einem exakten und einem anderen heuristischen Verfahren verglichen, und es zeigt sich, daß die in Algorithmus 4.3.4 dargestellte Version von Simulated Annealing bei der Lösung ausgewählter Job Shop Benchmarks sehr gut abschneidet. Das Ergebnis wird natürlich maßgeblich durch die Qualität der Ausgangslösung beeinflußt.

4.4   Flexible Arbeitssysteme

Ein *flexibles Arbeitssystem* ist ein integriertes System, bestehend aus verbundenen, multifunktionalen Prozessoren, die auf eine Vielzahl benötigter Ressourcen zurückgreifen können und einer gemeinsamen Steuerung unterliegen. Der Unterschied solcher Systeme zu konventionellen Arbeitssystemen besteht darin, daß

- jeder Prozessor ein breites Spektrum unterschiedlicher Verrichtungen ausführen kann,

- das System für die Bearbeitung von Aufträgen unterschiedlicher Prozeßtypen geeignet ist und

- eine Vielzahl von Bearbeitungsreihenfolgen für jeden Auftrag möglich ist.

Das Ziel von flexiblen Arbeitssystemen ist die Verbesserung der Effizienz eines Job Shop unter Erhaltung seiner Flexibilität. Dazu muß das System je nach Anforderungen schnell auf neue Aufgabenstellungen eingerüstet werden können. Es werden die folgenden Ziele verfolgt:

- Verkürzung der Durchlaufzeiten,

- Minimierung der Transportvorgänge,

- Maximierung von Routen- und Betriebsflexibilität sowie

- Maximierung des Systemdurchsatzes.

Während die Betrachtungen in den vorangegangen Abschnitten dieses Kapitels ihren Schwerpunkt auf dem Systembetrieb hatten, sollen hier auch Probleme der *Systeminitialisierung* etwas genauer betrachtet werden. Dabei stehen Fragen der Modellbildung im Vordergrund.

4.4.1 Systeminitialisierung

Systeminitialisierung bedeutet die physische Vorbereitung eines Arbeitssystems zur Bearbeitung eines Auftragsspektrums. Dabei sind Entscheidungen bezüglich *Auftragsbildung, Prozessorengruppierung* und *Funktionszuordnung* zu treffen.

Die Auftragsbildung legt fest, welche Aufträge in der nächsten Inititialisierungsperiode zu bearbeiten sind. Dabei wird der *Systemauftrag* durch *Auftragsmix* und *Losgröße* bestimmt [Sch89]. In Abbildung 4.4.-1 sind die einzelnen, bei der Auftragsbildung zu treffenden Entscheidungen ausgewählten Restriktionen und Zielkriterien gegenübergestellt.

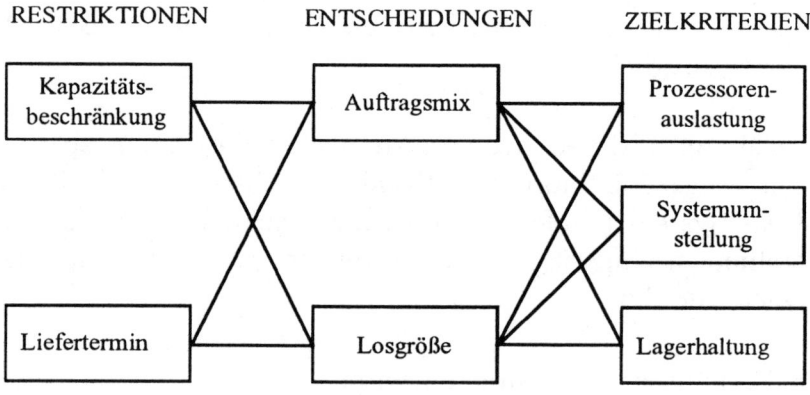

Abbildung 4.4.-1: *Probleme der Auftragsbildung*

Bei der *Prozessorengruppierung* sind Zellenbildung und Pooling extreme Antworten auf die zu treffenden Entscheidungen. *Zellenbildung* bedeutet, ein Arbeitssystem aus sich ergänzenden Prozessoren zu bilden, und *Pooling* bedeutet, Arbeitssysteme mit sich ersetzenden Prozessoren zu konfigurieren. In Abbildung 4.4.-2 sind die bei der Prozessorengruppierung zu treffenden Entscheidungen ausgewählte Restriktionen und Zielkriterien beispielhaft gegenübergestellt.

Idee der Zellenbildung ist es, unterschiedliche Auftragstypen

RESTRIKTIONEN   ENTSCHEIDUNGEN   ZIELKRITERIEN

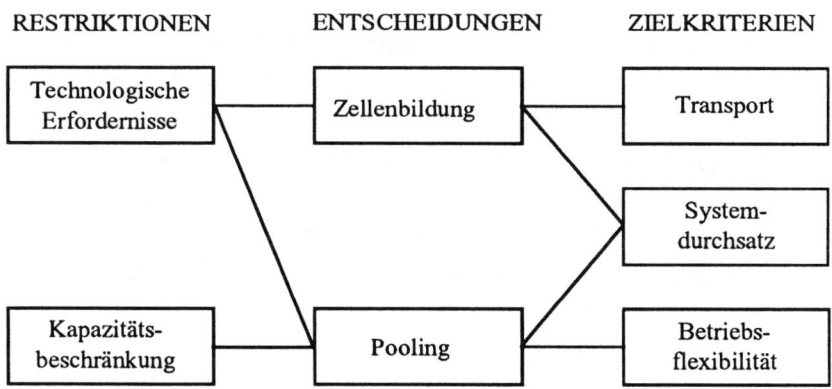

Abbildung 4.4.-2: *Probleme der Prozessorengruppierung*

in einem Arbeitssystem durchzuführen. Ziel ist, den Transport
der Güter zu vereinfachen, bestimmte Bearbeitungsvorgänge direkt aneinander zu binden, Zwischenlagerbestände zu senken und
einen hohen Systemdurchsatz zu erreichen. Ziel des Pooling ist es,
die Betriebsflexibilität des Systems zu erhöhen, Blockierungsmög-
lichkeiten zu verringern und ebenfalls einen hohen Systemdurchsatz zu erreichen. In Abbildung 4.4.-3 sind verschiedene Möglichkeiten von Zellenbildung und Pooling, bezogen auf Aufträge unterschiedlichen Typs, beispielhaft dargestellt.

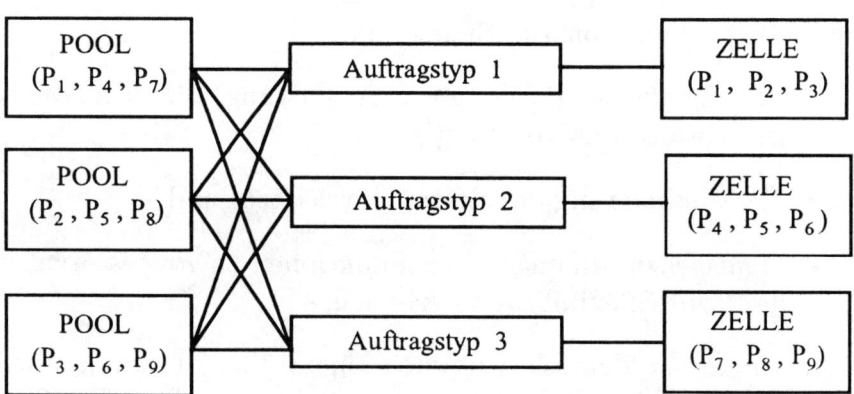

Abbildung 4.4.-3: *Möglichkeiten von Pooling und Zellenbildung*

Die Art der Arbeitsteilung im System wird durch die Zuordnung von Funktionen zu Prozessoren bestimmt. Ein Parameter der *Funktionszuordnung* ist das zu verteilende Arbeitsvolumen. Das Arbeitsvolumen eines Prozessors ist proportional zur relativen Häufigkeit, mit der ein Auftrag einen Prozessor nachfragt, multipliziert mit der durchschnittlichen Bearbeitungsdauer der Verrichtungen auf diesem Prozessor. In Abbildung 4.4.-4 sind einige bei der Funktionszuordnung zu beachtende Restriktionen und Zielkriterien gegenübergestellt.

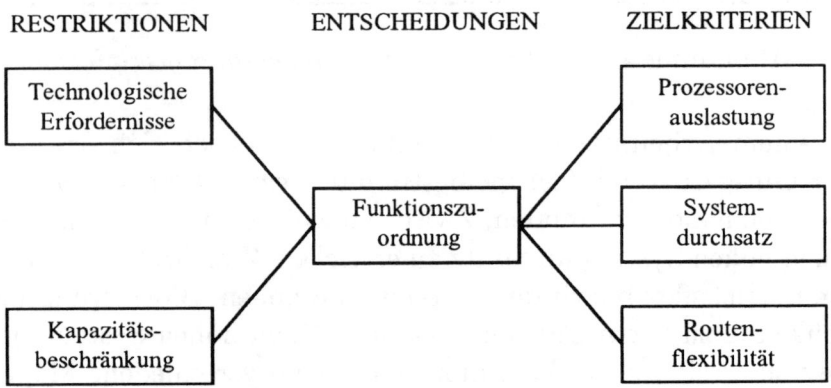

Abbildung 4.4.-4: *Probleme der Funktionszuordnung*

Ziele der Funktionszuordnung sind

- eine möglichst gleichmäßige Auslastung aller Prozessoren zur Vermeidung von Engpässen,

- die Maximierung des Systemdurchsatzes und

- Mehrfachzuordnungen von Funktionen zu Prozessoren, um die Routenflexibilität zu erhöhen.

Nicht immer werden alle Entscheidungen über die Funktionszuordnung zu Beginn einer Initialisierungsperiode getroffen. So ist es durchaus denkbar, daß diese Entscheidung in einem laufenden System erfolgen kann und dann darüber auf der Ebene des Systembetriebs entschieden wird.

4.4.2   Systembetrieb

Will man die Probleme des Systembetriebs sequentiell lösen, so ist zunächst über die *Einschleusung*, dann über die *Routenwahl* und schließlich über die *Prozessorbelegung* zu entscheiden. Ist nur eine Route für jeden Auftrag durch das System möglich, so ergeben sich ähnliche Ablaufplanungsprobleme wie sie in den vorangegangenen Abschnitten dieses Kapitels besprochen wurden. Nun soll angenommen werden, daß Aufträge verschiedene Routenalternativen haben und daß die Probleme des Systembetriebs nicht simultan sondern *sequentiell* gelöst werden.

Das Problem der *Einschleusung* besteht in der Fragestellung, in welcher Reihenfolge und zu welchen Zeitpunkten die durch die Initialisierung ausgewählten Aufträge dem Arbeitssystem zur Bearbeitung übergeben werden sollen. Aufträge können einzeln, losweise oder gruppenweise eingeschleust werden. *Losweise* Einschleusung bedeutet streng genommen, alle Aufträge, die zu einem Los gehören, direkt aufeinanderfolgend einzuschleusen. Dies hat jedoch den Nachteil, daß sich im System vor den einzelnen Prozessoren lange Warteschlangen von Aufträgen eines Loses bilden. Dies bedingt lange Verweilzeiten der Aufträge im System und damit hohe Zwischenlagerbestände und Durchlaufzeiten[KKK85].

Auch die *überlappende Bearbeitung* eines Loses trägt häufig nicht zur Lösung des Problems bei. Falls ein Auftrag sofort nach Durchführung einer Verrichtung zum nächsten Prozessor geleitet wird, auf dem die folgende Verrichtung auszuführen ist, tritt abhängig von den Bearbeitungsdauern dort eine erneute Warteschlangenbildung auf. Existieren mehrere sich ersetzende Prozessoren, so kann ein *Lossplitting* durchgeführt werden, wobei die Aufträge eines Loses gleichzeitig auf mehreren Prozessoren bearbeitet werden. Sowohl Überlappung als auch Splitting bedingen in der Anlaufphase des Arbeitssystems Leerzeiten der Prozessoren, die durch die Aufträge des ersten Loses gar nicht oder erst durch spätere Verrichtungen belegt werden. Dieser Nachteil läßt sich vermeiden, wenn die Aufträge *einzeln,* basierend auf der aktuellen Belegungssituation des Arbeitssystems, eingeschleust werden.

Gruppenweise Einschleusung kommt dann in Frage, wenn verschiedene Aufträge in vorbestimmten relativen Anteilen gleichzeitig, beispielsweise als Komponenten für ein Produkt, zu bearbeiten sind. In diesem Sinne sind auch *periodische* Strategien denkbar, wobei zu allen Einschleusungszeitpunkten jeweils die gleiche Gruppe von Aufträgen mit konstanten relativen Anteilen an das System übergeben wird.

In manchen Fällen ist eine starre Einschleusungsreihenfolge angebracht, während in anderen Situationen flexible, auf dem aktuellen Systemzustand sowie auf antizipierten Entwicklungen aufbauende Entscheidungen in einer dynamischen Umgebung getroffen werden müssen [BS80, BS85]. Da es oftmals zu schwierig ist, solche Informationen zu beschaffen, beschränkt man sich in der Praxis häufig auf einfache Regeln, die beispielsweise auf einer maximal gewünschten Auftragsanzahl im System aufbauen. Buzacott [Buz76] vergleicht für ein System mit zwei identischen Prozessoren und zufallsgenerierten Auftragsrouten einfache und kurzsichtige Regeln. Die Einschleusung erfolgt, sobald eine vom Auftrag benötigte Warteschlangenposition frei wird. Dabei ergeben sich die folgenden Alternativen.

1. Nur die ersten n Aufträge sind Kandidaten für eine Einschleusung.

2. Bei mehreren freien Warteschlangenpositionen wird der Auftrag eingeschleust, der den Prozessor mit der aktuell kürzesten Warteschlange als ersten benötigt.

3. Die Einschleusung erfolgt, sobald ein Prozessor keinen Auftrag mehr zu bearbeiten hat.

Der größte Systemdurchsatz wird durch die letzte Alternative erreicht. Mit Hilfe von Simulationsergebnissen läßt sich zeigen, daß Prioritätsregeln, die die Einschleusung entsprechend Informationen über die Bearbeitungsdauern der Aufträge vornehmen, besser bezüglich des Systemdurchsatzes sind als Regeln, die nur auf der Verfügbarkeit der Prozessoren aufbauen [Buz82].

Bei flexiblen Arbeitssystemen gibt es im Rahmen der *Routenwahl* Alternativen der Bearbeitung eines Auftrags bezüglich der Reihenfolge durchzuführender Verrichtungen und bezüglich der Prozessoren, die ihre Ausführung übernehmen können. In konventionellen Arbeitssystemen wird bereits eine der Alternativen vor Beginn der Bearbeitung des Auftrags festgelegt. Grundsätzlich ist es jedoch besser, die existierenden Wahlmöglichkeiten so lange wie möglich offen zu halten [BS80, Buz82]. Arbeitspläne, die aus statischer Sicht die besten zu sein scheinen, können in Abhängigkeit vom jeweiligen Systemstatus sehr schlechte Alternativen darstellen. Besondere Bedeutung erlangt die Routenwahl dann, wenn Störungen des Systems, wie beispielsweise Ausfälle oder Überlastungen von Prozessoren, eintreten.

Eine gebräuchliche Vorgehensweise ist es, die Aufträge so über die Prozessoren zu führen, daß alle möglichst gleichmäßig ausgelastet werden. Die Berechtigung einer solchen Strategie wird durch die Ergebnisse unterstützt, die die Auswirkungen der Routenwahl auf den Systemdurchsatz des Arbeitssystems berücksichtigen [Buz82]. Dabei wird angenommen, daß die Einschleusung und Prozessorbelegung entsprechend der Regel *"First Come First Served"* vorgenommen wird und die Bearbeitungsdauern exponential verteilt sind. Für *off-line* Entscheidungen und praktisch unbegrenzte Zwischenlagerkapazität ist die Routenwahl optimal, die eine ausgeglichene Auslastung aller Prozessoren erzeugt. Ist die Zwischenlagerkapazität dagegen beschränkt, gilt dies nicht mehr, jedoch ist der Unterschied zwischen optimaler Routenwahl und den Entscheidungen, die eine gleichmäßige Kapazitätsnutzung verfolgen, gering.

On-line Ansätze zur Routenbestimmung, wie sie in [YB85] beschrieben werden, sind nie schlechter als entsprechende off-line Ansätze, da verfügbare Informationen über den Systemstatus genutzt werden können. Es ist jedoch auch hier zu beachten, daß, je

nachdem welche Informationen in die Entscheidungsfindung einfließen, die Regeln problemspezifisch ausgewählt werden müssen.
Wilhelm und Shin [WS85] zeigen die Vorteile einer dynamischen
Routenwahl in einer deterministischen Steuerungsumgebung, indem sie Strategien, die mehrere Routenalternativen berücksichtigen, mit der Vorgabe einer festen Bearbeitungsfolge vergleichen.
Dabei unterscheiden sie die folgenden Fälle.

1. dynamische Alternativensuche: die Bearbeitung eines Auftrags übernimmt ein Ausweichprozessor, wenn dieser frei
   und der dieser Verrichtung ursprünglich zugeordnete Prozessor belegt ist;

2. geplante Alternativensuche: unter allen möglichen Kombinationen von Prozessoren und Aufträgen wird das Zuordnungsmix bestimmt, das die gleichmäßigste Prozessorenauslastung zur Folge hat;

3. geplante, dynamische Alternativensuche: das mit Hilfe von
   2. bestimmte Zuordnungsmix ist Grundlage der Alternativensuche, jedoch unterliegt die Reihenfolge der Bearbeitung
   der Verrichtungen eines Auftrags entsprechend der technologischen Wahlmöglichkeiten einer dynamischen Strategie,
   wie sie unter 1. beschrieben ist.

Mit Hilfe von Simulationsläufen konnte gezeigt werden, daß die
dritte Strategie bezüglich der Minimierung der Durchlaufzeiten
aller Aufträge, der Maximierung der Systemauslastung, der Minimierung der Systemverweilzeiten und der Minimierung der Zwischenlagerbestände alle anderen untersuchten Strategien domi-
niert.

Das Problem der *Prozessorbelegung* besteht in der zeitlichen
Zuordnung der Aufträge zu den gegebenen Prozessoren. Durch die
Lösung der Probleme von Einschleusung und Routenwahl werden
viele Alternativen für die Prozessorbelegung schon festgelegt. Die
zu jedem Zeitpunkt auf den Prozessoren einplanbaren Aufträge
sind durch die sich im System befindenden Aufträge vorbestimmt.

Eine Auswahl der Prozessoren für die Bearbeitung einzelner Aufträge wird durch die Ergebnisse der Routenwahl festgelegt. Offen ist nur noch die Frage, zu welchen Zeitpunkten welche Verrichtungen vom ausgewählten Prozessor durchgeführt werden sollen. Dies entspricht der Lösung von Ein Prozessor Problemen, wie sie zu Beginn dieses Kapitels dargestellt wurden.

Kapitel 5

Wissensbasierte Verfahren

Wissensbasierte Verfahren kommen dort zum Einsatz, wo *Erfahrungswissen* über das Problem und seine Lösung ausgenutzt werden soll. Darüber hinaus bezieht sich der Anspruch an die Effektivität des Vorgehens eher auf die Akzeptanz der Lösung als auf ihre Optimalität. So liegt das Anwendungsfeld von *wissensbasierten Verfahren* in erster Linie bei Problemen, zu deren Lösung anwendungsspezifisches *heuristisches Wissen* verfügbar ist und dort besonders, wo sowohl eine abgegrenzte Problemstellung, eine überschaubare Problemumgebung als auch Testmöglichkeiten für das vorliegende Wissen existieren. Weniger geeignet für die Anwendung dieser Verfahren sind Problembereiche mit rein numerischen Strukturen oder mit nicht klar abgrenzbarem Wissen. Die wichtigsten Einsatzgebiete von wissensbasierten Verfahren sind Analyse- und Syntheseprobleme, bei denen man nach einer Folge von Handlungen bzw. Operatoren sucht, die einen gegebenen *Anfangszustand* in einen gewünschten *Zielzustand* überführt. Die Entwicklung von wissensbasierten Verfahren zur intelligenten Problemlösung kann bis zu den Arbeiten von Newell und Simon [NS63] zurückverfolgt werden. Einen Überblick zu ihrer Anwendung auf dem Gebiet der Ablaufplanung erhält man beispielsweise durch [Ata91], [BS95] und [ZW94].

Implementierungen dieser Verfahren findet man als *wissensbasierte Systeme*. Ausprägungen sind Interaktive Systeme und Expertensysteme. *Interaktive Systeme* lösen ein Problem iterativ im Dialog mit dem Anwender. *Expertensysteme* sind Computerprogramme, die die Problemlösungsfähigkeiten von Experten abbilden sollen. Hier liegt der Schwerpunkt des Dialogs mit dem Anwender in der Beschreibung des Problems. Wissensbasierte Systeme zeichnen sich durch den Gebrauch von *deklarativem faktischen* und *prozeduralem heuristischen* Wissen aus. Fakten kennzeichnen eine gegebene Problemstruktur. Prozedurales Wissen benutzt Kenntnisse über die Bedeutung von Fakten. Während man Fakten nur abfragen kann, lassen sich durch prozedurales Wissen neue Fakten ableiten.

Die Repräsentation der Probleme der Ablaufplanung im Rahmen von wissensbasierten Systemen kann sowohl als *Analyse-* als auch als *Syntheseproblem* erfolgen [Sch96b]. Dazu benutzt man ein symbolisches Modell der Realität, das *Anwendungsmodell*. Die Aufgabe von Planung und Steuerung besteht nun darin, eine Reihenfolge von Operatoren anzugeben, die einen gegebenen Anfangszustand des Anwendungsmodells in einen gewünschten Zielzustand umwandelt. Dazu sind neben dem Anwendungsmodell ein *Aktionsmodell* und ein *Inferenzverfahren* zu entwickeln.

Das *Anwendungsmodell* repräsentiert deklaratives Wissen auf Faktenebene und enthält die relevanten Beschreibungsmerkmale der Problemstruktur. Dieses Wissen bezieht sich gewöhnlich auf festgelegte Attribute von Objekten und ihre Beziehungen untereinander, wie beispielsweise statische Eigenschaften von Prozessoren und Aufträgen und dynamische Eigenschaften wie Dringlichkeit von Aufträgen, Zustand der Prozessoren und aktuell zu verfolgende Planungsziele. Die gebräuchlichsten Repräsentationsformen für Attribute und Beziehungen von Objekten im Rahmen von wissensbasierten Systemen bauen auf der *Prädikatenlogik* erster Ordnung [Eps94], semantischen Netzen und Frames auf. Ein *semantisches Netz* ist eine einfache objektorientierte Sprache und repräsentiert Wissen als Graphen [Bra79]. Die Knoten entsprechen Klassen oder Objekten und die Pfeile Relationen oder Prädikaten auf Klassen und Objekten. Ein *Frame* ist eine objektorientierte Datenstruktur, um stereotype Situationen abzubilden [FK85]. Frames haben Slots, mit denen die zu repräsentierenden Objekte näher beschrieben werden können. Sowohl mit ihnen als auch mit semantischen Netzen können Eigenschaften vererbt werden. Eine weitere Repräsentationsform sind *Constraints* bzw. *Bedingungen*, mit denen sich der Zusammenhang von einzelnen Wissenselementen beschreiben läßt. Später in diesem Kapitel wird die Modellierung mit Constraints genauer besprochen.

Das *Aktionsmodell* repräsentiert das Vorgehen bei der Problemlösung und umfaßt den Bereich des prozeduralen Wissens. Es formalisiert im Rahmen von Produktionsregeln bzw. Wenn-Dann-Beziehungen die Beschreibung der Operatoren und ihre Verknüpfung mit den jeweiligen Ausgangszuständen und den resultierenden Folgezuständen des Anwendungsmodells. Jede Aktion wird durch ihre Eingabe und die erzeugte Ausgabe beschrieben. Basiert das Modell auf der Prädikatenlogik, so wird die Eingabe durch die Prädikatenformel des Anwendungsmodells repräsentiert, und die Aktion definiert die Literale, die bei der Ausgabe *entfernt* bzw. *hinzugefügt* werden müssen, um das Anwendungsmodell in einen neuen Zustand zu überführen.

Das *Inferenzverfahren* bildet die Steuerungseinheit des wissensbasierten Systems. Es ist für die Bestimmung der Operatoren und ihrer Reihenfolge, die den Ausgangszustand in den Zielzustand überführen, verantwortlich [GG85]. Das Inferenzverfahren wendet Regeln an, benutzt Meta-Wissen über die Anwendung der Regeln, reagiert auf neue Zustände und erklärt das Vorgehen zur Lösungsfindung. Die Aufbereitung und Abarbeitung des Suchraumes muß zur Vermeidung einer kombinatorischen Explosion entsprechend dem Anwendungsfeld des wissensbasierten Systems eingeschränkt werden. Für Planungs- und Steuerungsprobleme bieten sich dabei die folgenden Möglichkeiten an.

- *Dekomposition*: dies ist die Realisierung des Prinzips "teile und herrsche". Sie ist immer dann anwendbar, wenn eine Zerlegung des Problems auf horizontaler Ebene in verschie-

dene Teilprobleme möglich ist und die Problemlösung aus
den einzelnen Lösungen der Teilprobleme zusammengesetzt
werden kann.

- *Erzeuge und teste*: dabei wird jeder erzeugte Zustand sofort in bezug auf die angestrebte Lösung analysiert. Nicht
  gewünschte Zustände sollen somit aus dem Suchraum früh-
  zeitig entfernt werden.

- *Instanzierung von Variablen*: dabei werden zunächst die Variablen festgelegt, deren Wertebereich am beschränktesten
  ist. Diese Fixierung erzeugt zusätzliche Beschränkungen für
  noch nicht belegte Variable. Dieses schrittweise Eingrenzen
  der Lösung erfolgt so lange, bis allen Variablen Werte zugewiesen wurden.

- *Hierarchisierung*: im Gegensatz zur horizontalen Dekomposition werden die Probleme in vertikaler Richtung zerlegt.
  Entscheidungen auf höherer Ebene grenzen den Entschei-
  dungsspielraum auf unteren Ebenen ein.

Der abhängig vom jeweiligen Vorgehen erzeugte Zustandsraum
wird durch Suchverfahren, die in ihrem grundlegenden Vorgehen
auf Vorwärts- oder Rückwärtsverkettung basieren, abgearbeitet.
Bei der datengetriebenen *Vorwärtsverkettung* beginnt man beim
Ausgangszustand und sucht über Zwischenzustände den gewünschten Zielzustand, während die zielgerichtete *Rückwärtsverkettung*
beim Zielzustand beginnt und einen Weg rückwärts über Zwischenzustände zum Ausgangszustand sucht. Um die Auswahl der
Operatoren und Zustände gezielt vornehmen zu können und damit eine blinde Suche zu vermeiden, sollte man sich soweit wie
möglich problemspezifischen Wissens bedienen.

Wissensbasierte Verfahren können auch mit anderen Verfahren gekoppelt und als *hybride Verfahren* implementiert werden. So
kann eine analytischen Verfahren zugängliche Problemrepräsentation mit Hilfe von Erfahrungswissen formuliert werden, eine analytisch gefundene Lösung durch eine wissensbasierte Komponente

analysiert werden, und aus Erfahrungswissen abgeleitete Lösungen können mit Hilfe der Simulation evaluiert werden.

Die Vorteile von wissensbasierten Systemen gegenüber herkömmlichen Programmen liegen in der expliziten und getrennten Repräsentation von Wissen über Problembeschreibung und -lösung, der Integration verschiedener Repräsentationsformalismen, der Überprüfbarkeit der Ergebnisse durch weitgehende Transparenz und der Flexibilität bei Anpassungen und Erweiterungen.

Im folgenden wird zunächst die *Architektur* eines intelligenten Prozeßmanagementsystems vorgestellt, das auf einem constraintbasierten Modell aufbaut. Darauf werden *Beschreibungsansätze* auf der Basis von Expertensystemen und *Lösungsansätze* mit Hilfe von Interaktiven Systemen dargestellt. Abschließend wird auf eine Verbindung verschiedener Wissensarten bei der Beschreibung und Lösung von Ablaufplanungsproblemen eingegangen.

5.1   Intelligentes Prozeßmanagement

Bei wissensbasierten Verfahren liegt der Schlüssel zur Milderung des Komplexitätsproblems in der Verwendung von *heuristischem Erfahrungswissen*. Dies bedeutet für die Ablaufplanung, möglichst gute Pläne in möglichst kurzer Zeit unter Ausnutzung anwendungsspezifischen Wissens zu generieren. Das hier vorgestellte Intelligente Prozeßmanagement System (IPS) zur Bestimmung *akzeptabler* Ablaufpläne verfolgt diesen Weg und benutzt dazu sowohl Anwendungswissen als auch Wissen aus der zugehörigen Theorie der Ablaufplanung. Jedes in der Praxis auftretende Problem hat spezifische Charakteristika und Anforderungen. Diese müssen durch das anwendungsspezifische Wissen berücksichtigt werden. Ziel ist daher, IPS mit großer Flexibilität bezüglich der zu berücksichtigenden Problemformulierungen und möglicher Lösungsalternativen auszustatten. Basis der Überlegungen ist es, die Aufgaben des Prozeßmanagements in einen planenden, *prädiktiven* und einen steuernden, *reaktiven* Teil zu zerlegen. Auf beiden Ebenen wird praktisches und theoretisches Wissen im Sinne eines *Diagnose-Therapie-Paradigmas* verarbeitet.

Entsprechend der *Hierarchisierung* der Entscheidungsfindung, wie sie im ersten Kapitel vorgestellt wurde, unterscheidet man die Ebene der vorausschauenden Planung und die Ebene der reaktiven Steuerung. Ein Unterschied von Planung und Steuerung besteht in der Verläßlichkeit der Daten. Die vorausschauende Planung basiert hauptsächlich auf Erwartungen bzw. Annahmen. Unvorhersehbare Ereignisse, wie beispielsweise Eilaufträge, Ausfall von Prozessoren oder Nichtverfügbarkeit von Ressourcen können, wenn überhaupt, nur auf statistischem Wege berücksichtigt werden. Auf der Ebene der reaktiven Steuerung sind aktuelle Problemdaten verfügbar. Sind diese nicht in Übereinstimmung mit den Annahmen der Planung, müssen *Revisionen* der Planungsergebnisse durchgeführt werden. Vorausschauende Planung geht somit Hand in Hand mit reaktiver Steuerung.

Viele existierende Informationssysteme zur Unterstützung der Ablaufplanung sind überwiegend Datenverwaltungssysteme. Sie erfassen und speichern Prozeßdaten und bereiten diese für den Entscheidungsträger auf. Das Prozeßmanagement wird durch diese Informationssysteme zwar unterstützt, aber nur in dem Sinne, Planung und Steuerung mit weniger Papier durchführen zu können. Manche Systeme bieten auch Strategien zur Problemlösung an, die aber häufig eine beschränkte Einsatzfähigkeit aufweisen und die auch nicht mit Hinweisen für ihre Anwendung ausgestattet sind [MS92].

Zur Vermeidung dieser Nachteile bedarf es der Entwicklung eines intelligenten Systems, das die Planung und Steuerung der Abläufe integriert und das Prozeßmanagement auf taktischer und operativer Ebene durch die Angabe von aus dem Anwendungskontext begründbaren Strategien unterstützt. Ein solches System sollte Vorschläge für die Erstellung von Plänen machen, die möglichst *robust* gegenüber zukünftigen Entwicklungen eines dynamischen und nicht vorhersagbaren Problemumfelds sind. In einer solchen Situation besteht ein Ansatz zur Antizipation zukünftiger Entwicklungen darin, eine *zeitliche Hierarchisierung* vorzunehmen. Diese hilft dabei, eine Problemrepräsentation zu erstellen, die den jeweiligen Aktualitätsgrad von Informationen berücksichtigt [Sch89]. Die zeitliche Hierarchie führt zu einer Trennung in off-line Planung (OFP) und on-line Steuerung (ONS). Der implementierte Problemlösungsansatz arbeitet auf einer geschlossenen Analyse-Konstruktion-Bewertung-Schleife (AKB-Schleife) mit Feedbackmechanismen auf den Ebenen OFP und ONS.

Das OFP-Modul besteht aus einer Analyse-, einer Konstruktions- und einer Bewertungskomponente. Zunächst wird die Problemstellung mit Hilfe der *Analysekomponente* klassifiziert, und daraus werden Vorgaben für die Konstruktionskomponente abgeleitet. Durch die Analysekomponente wird das Anwendungsmodell hergeleitet, durch die *Konstruktionskomponente* wird eine Problemlösung generiert. Diese wird dann von der *Bewertungskomponente* evaluiert. Sind die Ergebnisse der Bewertung für den Anwender zufriedenstellend, wird der gefundene Plan akzeptiert. Ist dies nicht der Fall, wird die AKB-Schleife solange durchlaufen, bis die gefundene Lösung das gewünschte Ergebnis liefert oder keine weitere Verbesserung des Plans möglich erscheint. Dann wird der OFP-Teil verlassen und der ONS-Teil aufgerufen.

Das ONS-Modul übersetzt die off-line Lösung in eine on-line Strategie, der so lange gefolgt wird, wie die aktuellen Problemparameter mit den Annahmen der OFP übereinstimmen. Abweichungen bzw. Störungen werden in Steuerungsentscheidungen umgesetzt. Haben diese nur lokale Auswirkungen, können Anpassungsstrategien in Form von ad hoc Entscheidungen verfolgt werden; im Falle von globalen Auswirkungen springt das System wieder auf das OFP-Modul zurück und erzeugt neue Pläne, denen solange gefolgt wird, bis ein neuer Systemzustand wieder Eingriffe erfordert. Das beschriebene Vorgehen zur intelligenten Problemlösung für Ablaufplanungsprobleme ist in Abbildung 5.1.-1

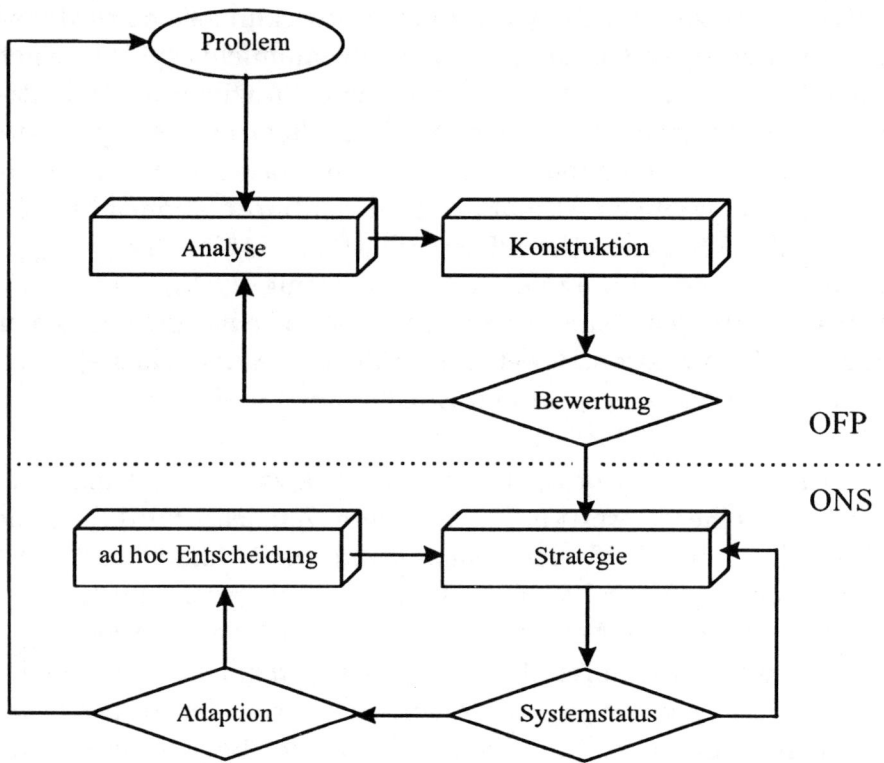

Abbildung 5.1.-1: *Intelligente Ablaufplanung*

dargestellt.

Die *Konstruktionskomponente*, die durch eine Wissens- und eine Methodenbank unterstützt wird, basiert auf analytischen und
heuristischen Verfahren und statischen Modellen. Die Dynamik
des Systems ist damit, wenn überhaupt, nur sehr ungenau abbild-
bar. Um die erforderlichen Antworten für diese Fragen zu erhalten,
kann die *Bewertungskomponente* deskriptive Ansätze in Form von
Warteschlangennetzwerken [Kle75] auf aggregiertem Niveau oder
der Simulation [Bul82] auf detaillierter Ebene benutzen. Mit diesen Verfahren lassen sich die Ergebnisse der Konstruktionskomponente aus dynamischer Sicht evaluieren und auch entsprechende
Vorgaben für eine Überarbeitung des Ablaufplans machen.

Die Aufgabe des OFP-Teils im Rahmen von Analyse, Konstruktion und Bewertung besteht häufig darin, *Konflikte* aufzulösen, die aus der vom System vorgeschlagenen Lösung und den Anforderungen des Prozeßmanagements entstehen. Wenn die Evaluation eines Plans keine Akzeptanz findet, dann existiert mindestens ein Konflikt zwischen den Anforderungen und der bisher vorgeschlagenen Lösung. Auch die Reaktion auf der Ebene der ONS ist durch auftretende Konflikte begründet. Hier erzeugen unvorhersehbare Ereignisse Konflikte mit den Vorgaben der Planung. Eine *Konfliktauflösung*, die auf einer intensiven Analyse der kombinatorischen Möglichkeiten basiert, ist durch die gegebenen Zeitbeschränkungen hier nicht möglich. Aus diesem Grunde wird eine schnelle Reaktion, beispielsweise in Form von *Mustererkennungsstrategien* wie sie der menschliche Entscheidungsträger anwendet, von großer Bedeutung für diese *Echtzeitentscheidungen* sein.

Für OFP und ONS sind gemachte Erfahrungen bei der Generierung von Ablaufplänen auswertbar. Pläne und Reaktionen aus der Vergangenheit sollten aufgezeichnet und ex post evaluiert werden, um aktuelle und zukünftige Probleme schneller und besser lösen zu können. Systeme, die lernfähig sind, können eine wichtige Unterstützung in dieser Richtung bieten. Erste Erfahrungen mit solchen Systemen für die Ablaufplanung liegen im Zusammenhang mit fallbasiertem Schließen vor [MS96].

Modelle für Ablaufplanungsprobleme werden häufig durch die Angabe von Bedingungen bzw. *Constraints* formuliert. Eine genaue Analyse ergibt, daß der Einfluß von Constraints in bezug auf die Lösungssuche unterschiedlich zu beurteilen ist. Einerseits gibt es *harte* Constraints, die unbedingt erfüllt werden müssen, andererseits gibt es auch *weiche* Constraints, die nicht notwendige, sondern nur wünschenswerte Anforderungen an die Problemlösung beinhalten. Weiche Constraints repräsentieren *Präferenzen* des Entscheidungsträgers. Beispiele für harte Constraints sind technologisch bedingte Vorrangbeziehungen von Aufträgen oder Verrichtungen, Qualifikation und Verfügbarkeit von Prozessoren, Freigabetermine für Aufträge oder Rüstzeiten. Weiche Constraints können sich auf wünschenswerte Vorrangbeziehungen, Auslastung von Ressourcen oder angestrebte Durchlaufzeiten beziehen. Welcher Teil der Problemformulierung als hart und welcher als weich gilt, kann nur aus der Sicht der Anwendung entschieden werden. Häufig formuliert man Präferenzen als Ziele und erhält somit *Optimierungsprobleme*; wählt man zur Repräsentation den Weg der weichen Constraints, so müssen *Zulässigkeitsprobleme* gelöst werden. Zulässigkeitsprobleme oder *Constraint Satisfaction Probleme* lassen sich wie folgt formulieren:

Gegeben sei eine Menge X von Variablen $x_1, \ldots, x_n$ und eine Kollektion C von Constraints $c_1, \ldots, c_m$. Jede Variable x_i hat einen zulässigen Wertebereich z_i. Jeder Constraint ist eine Teilmenge des kartesischen Produkts $z_1 \times z_2 \times \ldots \times z_n$, das mögliche Werte von $x_1, \ldots, x_n$ definiert. Eine Teilmenge Y des kartesischen Produkts ist eine zulässige Lösung des Problems, falls Y alle Beschränkungen aus C erfüllt. Constraint Satisfaction Probleme sind NP-schwierig [GJ79].

Beispiel 5.1.1: Es seien $X = \{x_1, x_2, x_3\}$, $z_1 = z_2 = z_3 = \{0, 1\}$, $C = \{c_1, c_2, c_3\}$ mit

$$c_1 = x_1 + x_2 = 1 \qquad (5.1.\text{-}1)$$
$$c_2 = x_2 + x_3 = 1 \qquad (5.1.\text{-}2)$$
$$c_3 = x_1 + x_3 = k \qquad (5.1.\text{-}3)$$

mit $k \in \{0, 2\}$.

Zulässige Lösungen sind $Y_1 = (0, 1, 0)$ und $Y_2 = (1, 0, 1)$. Nimmt man jedoch den Constraint

$$c_3 = x_2 + x_3 = 0 \qquad (5.1.\text{-}4)$$

zu C hinzu, so findet man keine zulässige Lösung mehr. Jetzt treten Konflikte durch die Einführung von (5.1.-4) zwischen (5.1.-2) und (5.1.-4) und zwischen (5.1.-1), (5.1.-3) und (5.1.-4) auf.

Im folgenden wird besprochen, auf welche Weise man Constraint Satisfaction Probleme formulieren und lösen kann. Zur Lösung bedient man sich entsprechender *Suchtechniken*. Eine ist unter dem Begriff Constraint Directed Search, hier mit constraint-basierter Suche übersetzt, bekannt. Dabei wird die Menge der Constraints Konsistenzprüfungen unterworfen, um unzulässige Werte von Variablen, d.h. Konflikte zu erkennen [DP88]. Zur Formulierung der Constraints bedient man sich anwendungsspezifischen Wissens. Zunächst werden Expertensysteme und dann Interaktive Systeme vorgestellt. Später wird gezeigt, wie sich praktisches und theoretisches bzw. empirisches und analytisches Wissen verbinden lassen.

5.2   Expertensysteme

Expertensysteme sind Computerprogramme, die Problemlösungsfähigkeiten von Fachleuten abbilden sollen. Dazu gehören, ein Problem verstehen, die Lösung erklären, Wissen dynamisch erwerben und strukturieren, die eigene Kompetenz einschätzen und Randgebiete überblicken. Die meisten der bisher entwickelten Expertensysteme können nur Probleme in sehr engen Anwendungsbereichen lösen.

Eine mögliche Struktur von Expertensystemen ist in Abbildung 5.2.-1. dargestellt. Es lassen sich anwendungsunabhängige Komponenten und eine anwendungsspezifische *Wissensbasis* unterscheiden. Die letztere enthält Fakten, prozedurales Wissen sowie Zwischen- bzw. Endergebnisse des Problemlösungsprozesses. Der anwendungsunabhängige Teil umfaßt Komponenten zur *Wissensakquisition*, die der Erfassung des Wissens dienen, Komponenten zur *Erklärung*, die bei Bedarf den Lösungsweg transparent machen sollen, und die *Inferenzkomponente* zur Problemlösung, die die Strategie der Lösungssuche ausführt. Diese entscheidet darüber, wann welche Operatoren auf welchen Zustand angewen-

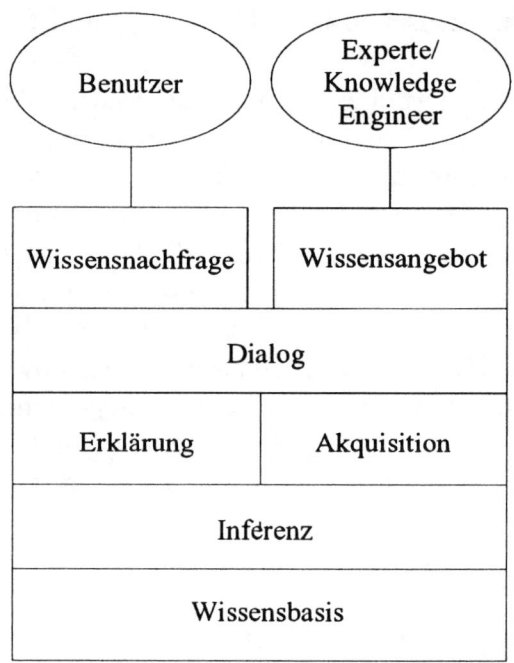

Abbildung 5.2.-1: *Struktur von Expertensystemen*

det werden.

Es gibt einen wichtigen Unterschied zwischen Expertensystemen und konventionellen Programmen. Bei den meisten Expertensystemen sind das Wissen über die Problembeschreibung und die Strategien zur Problemlösung in der Wissensbasis abgelegt. Die Lösungssuche wird durch die Inferenzkomponente, die mit der Wissensbasis interagiert, ausgeführt. Konventionelle Programme verfügen nicht über diese Art getrennter Komponenten.

Im folgenden sollen einige Expertensysteme, die ihr Anwendungsfeld auf dem Gebiet der Planung und Steuerung haben, kurz vorgestellt werden. ISIS [Fox87], OPIS [SPPMM90] und CORTES [FS90] sind eine Familie von Systemen, die die Lösung von Ablaufplanungsproblemen durch eine problemspezifische Auswertung von Constraints unterstützen soll. Das Vorgehen orientiert sich an der constraint-basierten Suche.

ISIS-1 baut auf einer naiven Suche auf und war nicht besonders erfolgreich in der Lösung von praktischen Problemen. ISIS-2 benutzt eine strukturierte Suche, die aus folgenden vier Phasen besteht:

(1) Auswahl eines Auftrags,

(2) zeitliche Analyse,

(3) Ressourcenanalyse und

(4) Ressourcenzuordnung.

Jede *Phase* besteht aus den drei *Schritten*: Analyse vor Beginn der Suche (Modellkonstruktion), Suche (Konstruktion der Lösung) und Analyse nach der Suche (Evaluation der Lösung). In der Phase der Auftragsauswahl wird eine einfache Regel angewandt, um den nächsten Auftrag aus einer Menge von verfügbaren Aufträgen auszuwählen. Diesem Auftrag werden in der zweiten Phase früheste Start- und späteste Endtermine seiner Verrichtungen zugeordnet, ohne aber entsprechende Prozessorenanforderungen zu berücksichtigen. In den Phasen drei und vier wird die Zuordnung von Prozessoren und die Berechnung der endgültigen Start- und Endtermine aller Aufträge ausgeführt. Die Suche ist als sogenannte *Strahlensuche* organisiert. Dabei ist die Anzahl der von einem Ausgangszustand aus erzeugten Folgezustände begrenzt. Die Evaluation der gefundenen Lösung erfolgt regelbasiert. ISIS-3 versucht, noch mehr problemspezifische Informationen aus dem Anwendungsbereich zu berücksichtigen. Schwerpunkt sind dabei Engpaßressourcen. Dabei wird der auftragsorientierte Ansatz von ISIS-2 durch einen ressourcenorientierten Ansatz in ISIS-3 ergänzt.

Es stellte sich heraus, daß die Architektur der ISIS-Komponenten nicht flexibel genug ist, um nötige *Modifikationen* eines gegebenen Ablaufplanes zu berücksichtigen. Aus diesem Grunde wurde ein neues System mit dem Namen OPIS-1 entwickelt. Dieses benutzt einen verteilten Ansatz zur Kommunikation der beiden Wissensquellen "Analyse" und "Entscheidung". Diese verwenden ein gemeinsames Kommunikations- und Speichermedium, um Nachrichten, Zwischenlösungen oder andere Informationen auszutauschen. In OPIS-1 wird zunächst durch die "Analyse" ein grober Plan generiert. Dazu wird eine einfache Heuristik benutzt. Darauf aufbauend werden Engpässe identifiziert. In Kenntnis dieser wird die ressourcen- und die auftragsorientierte Suche von ISIS-3 durch die "Entscheidung" angewendet. OPIS-1 ist auch geeignet, um reaktive Ablaufplanungsprobleme zu lösen, indem über auftretende *Ereignisse* kommuniziert werden kann. In der Weiterentwicklung OPIS-2 wird das sogenannte Ereignismanagement durch zwei zusätzliche Wissensquellen unterstützt. Prinzipiell basieren diese auf der Analyse der Möglichkeiten, einen Auftrag weiter in die Zukunft zu verschieben oder Aufträge zu vertauschen, um den Plan an neue Ereignisse anzupassen. Ein Problem bei der OPIS Familie besteht darin, zu entscheiden, welches Wissen in der jeweiligen Situation anzuwenden ist.

Ein drittes, aus der Tradition von ISIS und OPIS entwickeltes System ist CORTES, das sich auf die einzelnen Verrichtungen eines Auftrags konzentriert. Dies bedeutet eine größere Detaillierung des Modells und damit auch einen größeren Suchaufwand zur Lösungsfindung. Im Rahmen einer aus fünf Schritten bestehenden Heuristik werden Verrichtungen den einzelnen Prozessoren im Zeitverlauf zugeordnet.

Ein weiteres Beispiel für ein Expertensystem findet man in [SS90]. Hier wird ein reaktives Ablaufplanungsproblem gelöst und zwar auf ähnliche Art wie es OPIS macht, nur mit der Erweiterung, daß das vorliegende Problem noch detaillierter kategorisiert wird. Die Kategorien sind

- Maschinenausfälle,

- Eilaufträge,

- neue Aufträge,

- Knappheit von Ressourcen,

- Nichtverfügbarkeit von Ressourcen,

- Bearbeitungsende eines Auftrags auf einem Prozessor und

- Wechsel der Planungsperiode.

Das empirische Wissen für jede Kategorie wird durch verschiedene Wissensquellen zur Verfügung gestellt. Eine einzelne Wissensquelle wird benutzt, um ein spezielles Problem zu lösen. Wenn ein neues Ereignis auftritt, wird dies entsprechend der vorhandenen Kategorien zunächst analysiert, und dann wird die am besten geeignete Wissensquelle aufgerufen, um eine Lösung vorzuschlagen.

Als Repräsentant für Systeme, die die *vorausschauende* Planung und die *reaktive* Steuerung verbinden, soll SONIA vorgestellt werden [CPP88]. Dieses System unterscheidet zwischen verschiedenen Arten von Constraints und ist mit dem Ziel entstanden, *Konflikte* zwischen einem vorausschauenden Plan und eintretenden *Ereignissen* zu entdecken und möglichst gut darauf zu reagieren. SONIA besteht aus fünf Komponenten: einer Komponente zur Aufbereitung der Problembeschreibung, zwei Analysekomponenten für Kapazitäten und Konflikte, einer vorausschauenden und einer reaktiven Komponente.

Die wichtigsten Objekte sind Prozessoren und Aufträge. Prozessoren werden mit allen benötigten Attributen beschrieben. Sie können für bestimmte Zeitintervalle unter Angabe einer Begründung durch Aufträge reserviert werden. Jeder Auftrag wird durch einen Freigabetermin, einen Erfüllungstermin, einzuhaltende Vorrangbeziehungen und Ressourcenanforderungen seiner Verrichtungen charakterisiert. Um den Arbeitsfortschritt abbilden zu können, wird jedem Auftrag ein Status zugeordnet, der die Werte "geplant", "ausgewählt", "ignoriert", "beendet" oder "in Bearbeitung" annehmen kann. Es lassen sich auch zeitliche Con-

straints für einzelne Verrichtungen berücksichtigen. So kann festgelegt werden, wann eine Verrichtung in Abhängigkeit einer Vor-
gänger- oder Nachfolgerverrichtung starten kann bzw. beendet
sein soll. Auf diese Art und Weise können auch Möglichkeiten
der Unterbrechbarkeit einzelner Aufträge abgebildet werden.

SONIA benutzt ein Auswertungssystem für die Constraints,
das es möglich macht, Konflikte zwischen vorausschauenden Entscheidungen und tatsächlich eintretenden Ereignissen aufzudecken.
Beispielsweise soll angenommen werden, daß das Resultat des
Plans vorgibt, daß Verrichtung T_j der Verrichtung T_{j+1} voraus-
gehen soll. Nun ist aber T_j im Status "ignoriert" und T_{j+1} ist im
Status "geplant". Dies ist ein Konflikt zwischen dem Plan und der
aktuellen Situation. Die Entdeckung von Konflikten wird durch
sogenannte Propagation-Axiome unterstützt. Diese legen fest, wie
Constraints zur Konflikterkennung ausgewertet werden können.

SONIA unterscheidet zwischen drei Klassen von *Konflikten*:
Verspätungen, Kapazitätskonflikte und Prozessorenausfälle. Verspätungen enthalten alle Konflikte, die mit zu später Erledigung
eines Auftrags zu tun haben. Kapazitätskonflikte enthalten alle
Konflikte, die aus Reservierungen von Prozessoren entstehen. Die
dritte Klasse besteht aus den Konflikten, die durch den Ausfall
von Prozessoren entstehen. Im folgenden wird ein kurzer Überblick über die wichtigsten Komponenten zur Lösungsfindung und
Konflikterkennung gegeben.

(1) *Vorausschauende Komponente*
Diese Komponente ist dafür verantwortlich, einen OFP-Plan zu
erzeugen und besteht aus den Teilkomponenten Auswahl und Reihenfolge. Zunächst wird eine Menge von Verrichtungen ausgewählt
und entsprechenden Prozessoren zugeordnet. Die Auswahl hängt
auch davon ab, welche Verrichtungen vorher ausgewählt wurden,
wie der Status des Auftrages ist, ob es noch freie Kapazitäten gibt
und welche anderen Verrichtungen bisher schon durchgeführt worden sind. Wenn eine Verrichtung ausgewählt wird, wird ihr Sta-

tus auf "ausgewählt" gesetzt. Daraus werden entsprechende Constraints abgeleitet. Die Reihenfolgekomponente benutzt einen iterativen Ansatz unter Anwendung heuristischer Regeln. Falls kein zulässiger Plan gefunden werden kann, wird die Einplanung bestimmter Verrichtungen wieder verworfen, d.h. ihr Status wird auf "ignoriert" gesetzt, und die entsprechenden *Constraints* werden gelöscht.

(2) *Reaktive Komponente*
Für die reaktive Steuerung werden drei Möglichkeiten berücksichtigt, um Konflikte, die sich aus dem vorausschauenden Plan und aktuellen Ereignissen ergeben, aufzulösen. Entweder muß die vorausschauende Komponente einen vollständig neuen Plan erzeugen, oder der gegenwärtige Plan kann angepaßt werden. Die erste Möglichkeit ist die der prädiktiven Planung durch die vorausschauende Komponente. Die einfachste Art, einen aktuellen Plan zu überarbeiten besteht darin, einzelne Verrichtungen auf den Zustand "ignoriert" zu setzen und die entsprechenden Constraints zu löschen. Natürlich sollten zurückgesetzte Verrichtungen nur solche sein, die auch Konflikte erzeugen. Neuplanung, ausgehend von einem späteren Zeitpunkt, ist eine dritte Möglichkeit, auf Konflikte zu reagieren. Hier ist eine einfache Reaktion die Rechtsverschiebung aller Verrichtungen im Ablaufplan, ohne ihre Reihenfolge oder ihre Prozessorenzuordnung zu ändern. In einem verfeinerten Herangehen werden einige Heuristiken angewandt, die auch die Reihenfolge der einzelnen Verrichtungen verändern.

(3) *Analysekomponenten*
Zweck der Analyse ist es festzulegen, welche der verfügbaren Heuristiken von den vorausschauenden und reaktiven Komponenten zur Planerzeugung eingesetzt werden sollen. Es sind zwei Analysekomponenten implementiert, eine Kapazitätsanalyse und eine Konfliktanalyse. Die Kapazitätsanalyse hat die Aufgabe, Engpaßprozessoren und wenig ausgelastete Prozessoren zu entdecken. Die Komponente der Konfliktanalyse wählt aus den verfügbaren, re-

aktiven Möglichkeiten die aus, die für die Auflösung eines gegebenen Konfliktes am geeignetsten erscheint.

Zur Integration von Wissen über die Problemlösung und die Möglichkeiten ihrer Evaluation wird eine verteilte Architektur, basierend auf einem gemeinsamen Kommunikationsmedium benutzt. Jede Komponente stellt eine unabhängige Wissensquelle dar, die ihre Dienste zur Verfügung stellt, sobald vorgegebene Bedingungen erfüllt sind. Ausgetauscht werden die Problembeschreibung, Teilprobleme, die gelöst werden müssen, Strategien, wie heuristische Regeln oder Meta-Regeln sowie eine Agenda für alle aktuellen und für die Zukunft geplanten Aktionen.

Wie eben beschrieben, basieren viele Expertensysteme auf der Anwendung von Heuristiken in der Form einfacher Regeln. Eine Möglichkeit, die Probleme der Ablaufplanung solchen regelbasierten Heuristiken zugänglich zu machen, besteht in der *Zerlegung* in die drei Teilprobleme:

(1) Einschleusung der Aufträge,

(2) Auswahl des für die Bearbeitung einzusetzenden Prozessors und

(3) Abarbeitung der Warteschlange vor dem Prozessor.

Jedes dieser Teilprobleme läßt sich mit *Prioritätsregeln* lösen [Hau89,, Jon73, PI77, BPH82]. Dies ist der am einfachsten zu implementierende Ansatz zur Lösung von Ablaufplanungsproblemen. Prioritätsregeln sind leicht zu verstehen und werden daher auch eher akzeptiert als andere Verfahren. Prioritätsregeln wählen Elemente aus einer Liste nach bestimmten Kriterien aus. Dieses Vorgehen läßt sich sowohl zur Abarbeitung von Warteschlangen am Systemeingang, vor den einzelnen Prozessoren als auch zur Auswahl des nächsten einzusetzenden Prozessors anwenden.

Prioritätsregeln bestehen zum einen aus einer Vorschrift zur Berechnung des Prioritätsindex Y und einer Anweisung zur Abarbeitung der betrachteten Warteschlange entsprechend Y. Aufbauend auf den Informationen, die in die Berechnung von Y einfließen, unterscheidet man *statische* und *dynamische* Regeln einerseits und *lokale* und *globale* Regeln andererseits. Statische Regeln benutzen nur die zu Beginn der Planung bekannten Informationen, während dynamische Regeln die zu jedem Zeitpunkt verfügbaren, aktuellen Informationen verarbeiten. Dynamische Regeln lassen sich noch weiter unterteilen in Regeln, die nur den aktuellen Systemzustand betrachten, in Regeln, die zukünftige Entwicklungen zu antizipieren versuchen, und in Regeln, die Feedback benutzen. Eine Regel ist lokal, wenn sie nur Informationen bezüglich des gerade zu belegenden Prozessors benutzt. Eine Regel ist global, wenn sie versucht, die relevanten Informationen über alle Prozessoren des Arbeitssystems zu verarbeiten. Folgende Beispiele sollen diese Klassifizierung verdeutlichen:

(1) lokal - statisch

- $WSPT$ (gewichtete kürzeste Bearbeitungsdauer zuerst):

$$Y_{WSPT} = w_j / p_j$$

mit w_j als Verspätungskosten von Auftrag J_j und p_j als Bearbeitungsdauer.

- DD (frühester Endtermin zuerst): $Y_{DD} = d_j$.

- Andere Regeln dieser Klasse sind $RANDOM$ (Zufallsauswahl), $FCFS$ (first come first served), LPT (längste Bearbeitungsdauer) und $TWORK$ (Summe der Bearbeitungsdauern aller Verrichtungen eines Auftrags).

(2) lokal - dynamisch - aktueller Systemzustand

- AP (kleinster aktueller Puffer zuerst).

- AP/T (kleinster aktueller Puffer per verbleibender Verrichtungsanzahl zuerst).

- AP/p (kleinster aktueller Puffer per verbleibender Bearbeitungsdauern zuerst).

- Andere Regeln dieser Klasse sind $LWKR$ (least work remaining), $MWKR$ (most work remaining), $FOPNR$ (fewest number of operations remaining) und $GOPNR$ (greatest number of operations remaining). $LWKR$ und $FOPNR$ zielen auf niedrige Lagerbestände; $MWKR$ und $GOPNR$ versuchen, den Arbeitsfortschritt möglichst gleichmäßig zu gestalten.

(3) global - dynamisch - aktueller Systemzustand

DMR (dynamische Mehrkriterien Regel):

$$Y_{DMR}(t) = d_j - p_j + b(\sum p_i)^r + hA_N$$

mit b, r und h als Einstellparametern, die auf dem Systemzustand zum Zeitpunkt t aufbauen. $\sum p_i$ ist die Summe der Bearbeitungsdauern in der Warteschlange und A_N der Anteil des Arbeitsvolumens in der nächsten Warteschlange am gesamten Arbeitsvolumen, das sich im System befindet.

(4) global - dynamisch - antizipativ

- $AWINQ$ (erwartetes gebundenes Arbeitsvolumen in der Warteschlange der möglichen Nachfolgeprozessoren).

- $CoverT$ (größte Verspätungskosten per Bearbeitungsdauer):

$$Y_{CoverT}(t) = u_j/p_j$$

mit $u_j = max\{0, bW_j - max\{0, d_j - s_j - t\}\}$ und W_j als geschätzte Wartezeit, s_j als verbleibende Bearbeitungsdauer von Auftrag J_j und b als Einstellparameter ($0 < b \le 1$), der vom antizipierten Systemzustand abhängt.

- *ALTOP* (alternate operation bzw. kleinste Summe der Verspätungen für alle Aufträge in der Warteschlange, wenn ein einzelner Auftrag ausgewählt wird).

- Andere Regeln dieser Klasse sind *NINQ* (least number of jobs in the queue of its next operation) und *WINQ* (least total work in the queue of its next operation). *NINQ* und *WINQ* versuchen, einen Auftrag möglichst schnell über die Prozessoren zu schleusen.

Feedback kann durch eine dynamische Parametrisierung abgebildet werden. Dabei werden die Einstellparameter beispielsweise wie bei *CoverT* und *DMR* zur Kennzeichnung der Systemstati, aufbauend auf Erfahrungswerten dynamisch verändert. Bei antizipierenden und auf Feedback aufbauenden Regeln besteht das größte Problem darin, verläßliche Informationen und Verfahren für deren regelgerechte Umsetzung bereitzustellen. Einige Ansätze dazu sind in [Vep84] für ausgewählte Problemstellungen beschrieben.

Die Güte von Prioritätsregeln ist immer abhängig von den Modellannahmen. Wie im vierten Kapitel gezeigt wurde, liefert die Anwendung von Prioritätsregeln in einigen Fällen auch optimale Pläne. Generelle Aussagen bezüglich der Qualität einer Prioritätsregel sind nicht möglich, sondern diese ist immer von der zugrunde liegenden Problemsituation abhängig. Es ist möglich, problemspezifisches Wissen mit der Anwendung von Regeln im Rahmen von Expertensystemen zu koppeln. Allgemein läßt sich sagen, daß vorausschauende dynamische, d.h. den jeweiligen Systemzustand berücksichtigende Regeln tendenziell bessere Ergebnisse liefern als statische Regeln [Vep84]. Auf der anderen Seite ist es aber nicht so, daß die Berücksichtigung vorausschauender globaler Informationen eine Regel immer gut abschneiden läßt. Das Gegenteil kann manchmal der Fall sein. Empirische Erkenntnisse über die Qualität von Prioritätsregeln lassen sich durch Erfahrungswissen oder Simulationsläufe gewinnen. Beispielsweise sind die folgenden qualitativen Ergebnisse bekannt:

- *SPT* ist gut für die Minimierung der Summe der Durchlaufzeiten und der Summe der Verspätungen aller Aufträge. Individuelle Aufträge können aber sehr lange Durchlaufzeiten
  und auch große Verspätungen aufweisen. Deshalb wird vorgeschlagen, *SPT* mit Feinsteuerung, d.h. einer oberen Gren-
  ze für die Wartezeit eines Auftrags zu verwenden.

- *AP* und *AP/T* sind gut für die Minimierung der Verspätungen bei gering ausgelasteten Arbeitssystemen und *SPT* bei
  stark ausgelasteten Arbeitssystemen.

Ein Weg, die Eignung von Prioritätsregeln für bestimmte Pla-
nungs- und Steuerungssituationen festzulegen, besteht darin,
Kennzahlen zu bestimmen. Beispielsweise könnte eine Kennzahl
der Auslastungsgrad von Prozessoren und eine andere Kennzahl
die Anzahl von Verrichtungen pro Auftrag sein. Entsprechend
der Werte einzelner Kennzahlen wird die Anwendung bestimmter Prioritätsregeln empfohlen.

Eine grundlegende Kritik an allen Expertensystemen zur Ablaufplanung besteht darin, daß die Auflösung der für diese Probleme typischen kombinatorischen Strukturen außerhalb der kogniti-
ven Fähigkeiten von Fachleuten liegt. Expertensysteme sind dagegen sehr gut geeignet für die Konstruktion von Modellen und die
Analyse der erzeugten Lösungen [Sch89]. Sie sollten sich darauf
konzentrieren, gute Ablaufplanungsmodelle zu erzeugen und den
Lösungsprozeß mit Vorgaben zu begleiten. Der Kern der Lösungssuche kann dabei auf eine andere Art und Weise implementiert
werden.

5.3   Interaktive Systeme

Interaktive Planung baut auf einer detaillierten Analyse der Problembeschreibung auf. Dabei sind verschiedene Aspekte wie wichtige und weniger wichtige Constraints oder das Erkennen von
Spielräumen bei ihrer Formulierung von Bedeutung. Einer interaktiven Vorgehensweise trägt der im folgenden beschriebene

REST-Ansatz Rechnung [Sch89a]. REST steht für "Relax and Enrich STrategy" und bedeutet, daß ein Problem zunächst auf einen Kern von harten Bedingungen reduziert und das zugehörige Constraint Satisfaction Problem gelöst wird. Dabei wird vorausgesetzt, daß alle harten Bedingungen widerspruchsfrei und vollständig formuliert sind. Daran anschließend werden weiche Bedingungen bzw. die Präferenzen des Entscheidungsträgers berücksichtigt. Lassen sich alle Präferenzen konfliktfrei berücksichtigen, ist man fertig. Häufig werden aber *Konflikte* auftreten, die zunächst erkannt und dann aufgelöst werden müssen. Dabei sind zwei Arten von Konflikten möglich: solche, die nur zwischen weichen Bedingungen bestehen und solche zwischen harten und weichen Bedingungen.

Der Vorteil dieses Vorgehens besteht einmal darin, daß vor der Berücksichtigung von *Präferenzen* immer von einem ausführbaren *Basisplan* ausgegangen werden kann. Zum anderen muß sich der Entscheidungsträger explizit darüber äußern, welche Bedingungen er für unverzichtbar hält und welche er zur Disposition stellt.

REST ist Grundlage eines Entscheidungsunterstützungssystems zur Lösung von Ablaufplanungsproblemen, das in [EGS97] dargestellt wird. Es enthält ein Modul zur Erzeugung eines Basisplans unter Berücksichtigung der harten Bedingungen und ein zweites Modul, dessen Aufgabe die Konflikterkennung und -auflösung und die Suche nach dem *Zielplan* ist. Im folgenden soll ohne Beschränkung der Allgemeinheit angenommen werden, daß die Akzeptanz einer Lösung umso größer ist, je mehr Präferenzen des Entscheidungsträgers im Zielplan berücksichtigt werden können. Aus Gründen der Vereinfachung soll weiterhin angenommen werden, daß alle Präferenzen die gleiche Wertigkeit haben.

Zunächst werden die grundlegenden Ideen von REST unter Verwendung eines einfachen Beispiels beschrieben. Daran schließt sich eine Diskussion an, welche Arten von Bedingungen zur Problemformulierung zugelassen werden, wie man Konflikte zwischen ihnen erkennt und wie man sie auflöst, um damit den Zielplan zu finden.

(1) *Konfliktanalyse*

Gegeben sei eine Menge von Verrichtungen $T = \{T_1, \ldots, T_n\}$, deren Reihenfolge der Ausführung Präferenzen unterliegt. Die Menge der Präferenzen PR ist definiert als Teilmenge des kartesischen Produkts $T \times T$. Konflikte treten zwischen sich widersprechenden Bedingungen auf. Es wird angenommen, daß zwischen harten Bedingungen nie Konflikte auftreten und somit ein zulässiger Basisplan immer existiert. Somit können Konflikte nur durch die Angabe von Präferenzen ausgelöst werden. Die folgenden zwei Konfliktarten sollen unterschieden werden: Konflikte zwischen Präferenzen und harten Bedingungen und Konflikte zwischen Präferenzen untereinander.

Das Ziel von REST ist es, ausgehend von einem Basisplan so viele Präferenzen wie möglich im Zielplan zu berücksichtigen. Der Basisplan realisiert Präferenzen nur zufällig. Konflikte, die durch Präferenzen auftreten können, beziehen sich auf Vorrangbeziehungen zwischen Verrichtungen sowie eine damit verbundene Verletzung von Zeit- und Ressourcenbeschränkungen. Im folgenden soll unterschieden werden zwischen strukturellen, zeitlichen und ressourcenorientierten Konflikten.

Strukturelle Konflikte treten dann auf, wenn verschiedene gewünschte Vorrangbeziehungen sich widersprechen. Solche Konflikte können leicht erkannt werden. Dazu wird die Menge der gewünschten Vorrangbeziehungen als gerichteter Graph $G = (T, PR)$ repräsentiert, wobei T die Menge der Verrichtungen und PR die präferierten Vorrangbeziehungen repräsentieren. Strukturelle Konflikte werden in der Menge LC vermerkt.

Beispiel 5.3.1: Gegeben sei die Menge $T = \{T_1, T_2, T_3, T_4\}$ bestehend aus vier Verrichtungen. Die präferierten Vorrangbeziehungen seien $PR = \{PR_1, PR_2, PR_3, PR_4, PR_5\}$ mit

$$PR_1 = (T_1, T_2)$$
$$PR_2 = (T_2, T_3)$$
$$PR_3 = (T_3, T_2)$$
$$PR_4 = (T_3, T_4)$$
$$PR_5 = (T_4, T_1)$$

Strukturelle Konflikte entsprechen Schleifen in G wie in Abbildung 5.3.-1. dargestellt. Demnach liegen hier zwei Mengen struktureller Konflikte vor: $LC_1 = \{PR_2, PR_3\}$ und $LC_2 = \{PR_1, PR_2, PR_4, PR_5\}$.

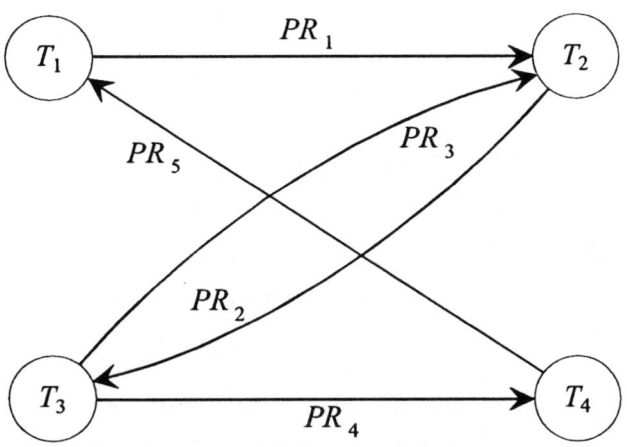

Abbildung 5.3.-1: *Beispielgraph für strukturelle Konflikte*

Zeitliche Konflikte treten dann auf, wenn die Menge der Präferenzen, ausgedrückt durch Vorrangbeziehungen, nicht konsistent mit den harten zeitlichen Bedingungen der Basislösung ist. Um solche Konflikte zu entdecken, müssen alle zeitlichen Beziehungen zwischen allen Verrichtungen überprüft werden. Harte Bedingungen für früheste Starttermine EB_j, späteste Starttermine LB_j und Bearbeitungsdauern p_j beschränken die realisierbaren Präferenzen.

Falls

$$EB_u + p_u > LB_v \qquad (5.3.\text{-}1)$$

für zwei Verrichtungen T_u und T_v, dann verstößt die Präferenz (T_u, T_v) gegen harte Zeitbeschränkungen. Im allgemeinen Fall liegen für Verrichtungen $T_{u_1}, \ldots, T_{u_k}$ und T_v die Präferenzen in der Form

$$(T_{u_1}, T_{u_2}), (T_{u_2}, T_{u_3}), \ldots, (T_{u_{k-1}}, T_{u_k}) \text{ und } (T_{u_k}, T_v)$$

vor. Das bedeutet, daß die Verrichtungen in der Reihenfolge $(T_{u_1}, \ldots, T_{u_k}, T_v)$ ausgeführt werden sollten. Dies ist jedoch nicht möglich, wenn gilt

$$Z_{u_k} + p_{u_k} > LB_v \qquad (5.3.\text{-}2)$$

wobei

$$Z_{u_k} = max\{EB_{u_k}, \max_l \{EB_{u_l} + \sum_{j=l}^{k-1} p_j\}\}.$$

Dann nämlich sind obige Präferenzen im Konflikt. Falls (5.3.-2) erfüllt ist, wird die Zeitbeschränkung der letzten Verrichtung der Kette verletzt.

Beispiel 5.3.2: Bei der Ermittlung von zeitlichen Konflikten wird von den in Tabelle 5.3.-1. dargestellten Problemparametern ausgegangen.

Um zeitliche Konflikte zu entdecken, muß die Verträglichkeit der Präferenzen PR_1, PR_2, PR_3, PR_4 und PR_5 überprüft werden. Die Anwendung von (5.3.-1) zeigt, daß jede der Präferenzen PR_3 und PR_5 einen Konflikt erzeugt. Die Präferenzen PR_1, PR_2 und PR_4 besagen, daß die Verrichtungen in der Reihenfolge (T_1, T_2, T_3, T_4) ausgeführt werden sollten. Um die Zulässigkeit dieser Reihenfolge zu überprüfen, muß (5.3.-2) auf alle Teilfolgen angewendet werden. Die Teilfolgen der Länge 2 sind aus zeitlicher Sicht zulässig, denn nur die Teilfolgen (T_3, T_2) und (T_4, T_1) würden einen Konflikt erzeugen. Für die vollständige Reihenfolge (T_1, T_2, T_3, T_4)

T_j	EB_j	LB_j	p_j
T_1	7	7	5
T_2	3	12	4
T_3	13	15	2
T_4	12	15	0

Tabelle 5.3.-1: *Beispielparameter für zeitliche Konflikte*

ergibt sich $Z_3 = max\{EB_3, EB_1+p_1+p_2, EB_2+p_2\} = 16$ und Z_3+ $p_3 > LB_4$; dies bedeutet, daß die Teilmenge $\{PR_1, PR_2, PR_4\}$ der Präferenzen einen zeitlichen Konflikt auslöst. Auf die gleiche Art und Weise werden alle anderen Teilfolgen der Länge 3 überprüft. Dabei erkennt man, daß die Teilfolge (T_1, T_2, T_3), ausgedrückt durch die Präferenzen PR_1 und PR_2 einen zeitlichen Konflikt erzeugt; (T_2, T_3, T_4) ist konfliktfrei. Damit ergeben sich die folgenden vier Mengen von Zeitkonflikten:

$$
\begin{aligned}
TC_1 &= \{PR_3\} \\
TC_2 &= \{PR_5\} \\
TC_3 &= \{PR_1, PR_2\} \\
TC_4 &= \{PR_1, PR_2, PR_4\}
\end{aligned}
$$

Falls die Realisierung einer Präferenz einen Bedarf an Ressourcen zu einem Zeitpunkt bedeutet, der das Ressourcenangebot zu diesem Zeitpunkt überschreitet, d.h.

$$\sum_{T_j \in N_t} R_k(T_j) > m_k, \quad k = 1, \ldots, s \qquad (5.3.-3)$$

dann liegt ein *Ressourcen-Konflikt* vor. In (5.3.-3) bedeuten N_t die Menge von Verrichtungen, die zum Zeitpunkt t bearbeitet wird, $R_k(T_j)$ der Bedarf am Ressourcentyp R_k durch Verrichtung

T_j und m_k das Angebot für diesen Ressourcentyp.

Beispiel 5.3.3: Es soll angenommen werden, es gäbe nur einen Ressourcentyp ($s = 1$) im Umfang von nur einer Einheit ($m_1 = 1$) und es sei $R_1(T_j) = 1$ für $j = 1, \ldots, 4$. Unter Berücksichtigung der gegebenen Zeitbeschränkungen ergibt sich ein Konflikt durch PR_1 nach (5.3.-3), da T_2 wegen beschränkter Ressourcen nicht zeitgleich mit Verrichtungen T_3 und T_4 bearbeitet werden kann. Somit tritt noch eine weitere Konfliktmenge $RC_1 = \{PR_1\}$ auf.

(2) *Konfliktauflösung*

Die Konfliktmengen sind nun bekannt, und damit kann im nächsten Schritt die Auflösung von Konflikten erfolgen. Strukturell konfliktäre Präferenzen sind den Mengen $LC_1, \ldots, LC_l$, zeitlich konfliktäre den Mengen $TC_1, \ldots, TC_t$ und aus Ressourcensicht konfliktäre den Mengen $RC_1, \ldots, RC_r$ zugeordnet. Aufgabe ist es, einen Zielplan zu finden, der eine maximale Anzahl nicht konfliktärer Präferenzen enthält. Dies bedeutet, daß eine Teilmenge PR' von PR mit maximaler Kardinalität gesucht wird, so daß keine der Mengen LC_i, TC_j, RC_k im Konflikt mit PR' steht, d.h. in PR' enthalten ist.

Es sei $LC := \{LC_1, \ldots, LC_l\}$ die Menge aller strukturell konfliktären Präferenzen; die Mengen TC und RC sind analog definiert. Es sei $C := LC \cup TC \cup RC$, d.h. C enthält alle konfliktären Mengen. $H = (PR, C)$ repräsentiert einen *Hypergraphen* mit Knotenmenge PR und Menge der Hyperkanten C [Ber76]. Da er alle Konflikte repräsentiert, wird H auch als *Konfliktgraph* bezeichnet. Ziel ist, eine maximale Teilmenge PR' zu finden, die keine der Hyperkanten enthält. Falls $H_1 \in H_2$ für zwei Hyperkanten H_1 und H_2 gilt, so braucht man H_2 nicht zu berücksichtigen, da H_1 die restriktivere konfliktäre Menge ist. Damit läßt sich der Hypergraph dahingehend vereinfachen, daß alle Hyperkanten, die Supermengen anderer Hyperkanten sind, eliminiert werden. Der so gebildete Hypergraph wird als *reduzierter* Konfliktgraph bezeichnet.

Entsprechend dem oben eingeführten Akzeptanzkriterium wird nach einer maximalen Anzahl von Präferenzen gesucht, deren Berücksichtigung eine zulässige Lösung möglich macht. Dies ist gerechtfertigt, wenn alle Präferenzen von gleicher Bedeutung sind. Falls die Präferenzen unterschiedliche Gewichte haben, so wird eine Teilmenge von Präferenzen mit maximaler Summe aller Gewichte gesucht. Alle diese praktischen Fragestellungen führen zu NP-schwierigen Problemen [GJ79]. Zusammenfassend müssen die folgenden Schritte zur Problemlösung ausgeführt werden:

(1) Bestimme alle strukturellen, zeitlichen und ressourcenbestimmten Konflikte.

(2) Konstruiere den reduzierten Konfliktgraphen.

(3) Wende ein Verfahren zur Konfliktauflösung an.

Der folgende Algorithmus sorgt für die Konfliktauflösung.

Algorithmus 5.3.1 *Verfahren zur Konfliktauflösung*

begin
$S := \emptyset$;   - - Initialisierung der Lösungsmenge
while $PR \neq \emptyset$ **do**
    begin
    Choose preference $PR_i \in PR$;   (5.3.-4)
    $PR := PR - PR_i$;
    if $C \not\subseteq S \cup \{PR_i\}$ for all hyperedges **then** $S := S \cup \{PR_i\}$;
    - - PR_i wird realisiert
    Adjust hypergrah $H = (PR, C)$;
        - - der Hypergraph umfaßt eine neue (kleinere) Menge von
        - - Knoten
    end;

end;

Der Algorithmus benötigt für seine Ausführung noch die Angabe eines Verfahrens für (5.3.-4). In [ES93] werden dafür sechs prioritätsgesteuerte Heuristiken vorgestellt und verglichen. Dabei hat die Heuristik gut abgeschnitten, die die auszuwählenden Präferenzen über die Anzahl von Knoten bestimmt, die eine gemeinsame Hyperkante mit PR_i haben. Immer wenn (5.3.-4) aufgerufen wird, wählt das Verfahren die Präferenz mit höchster Priorität. Dabei werden alle Prioritäten vor der Auswahl einer Präferenz neu berechnet.

Beispiel 5.3.4: Nachdem alle Konflikte ermittelt wurden, wird der Konfliktgraph $H = (PR, C)$ gebildet, wobei die Menge C folgende Hyperkanten enthält:

- strukturelle Konflikte
  $\{PR_2, PR_3\}, \{PR_1, PR_2, PR_4, PR_5\}$

- zeitliche Konflikte
  $\{PR_3\}, \{PR_5\}, \{PR_1, PR_2\}, \{PR_1, PR_2, PR_4\}$

- ressourcenbedingte Konflikte
  $\{PR_1\}$

Abbildung 5.3.-2 zeigt den Konfliktgraphen, wobei die umrandeten Knoten Hyperkanten darstellen.

Da jede der Hyperkanten mit Kardinalität größer eins eine Konfliktmenge mit Kardinalität gleich eins enthält, hat der reduzierte Hypergraph nur die drei Hyperkanten $\{PR_1\}, \{PR_3\}$ und $\{PR_5\}$ (vgl. Abbildung 5.3.-3.). Eine Teilmenge maximaler Kardinalität, deren Elemente nicht im Konflikt mit anderen Präferenzen stehen, ist PR_2, PR_4.

5.3.1   Interaktive Planung

REST ist Bestandteil eines Entscheidungsunterstützungssystems, dessen Arbeitsweise in Abbildung 5.3.-4. dargestellt ist. Das Sy-

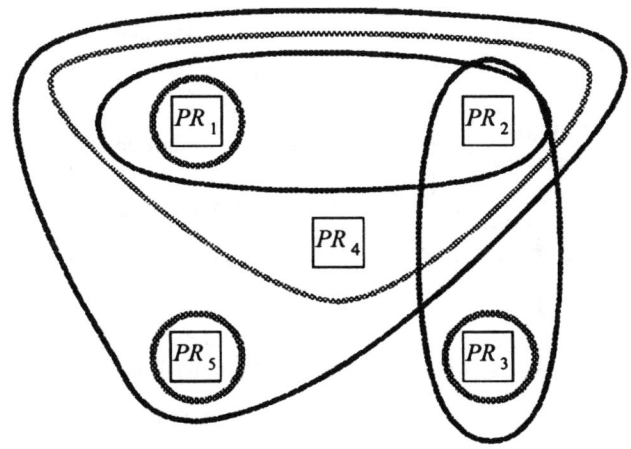

Abbildung 5.3.-2: $H = (PR, C)$ *für das Beispiel*

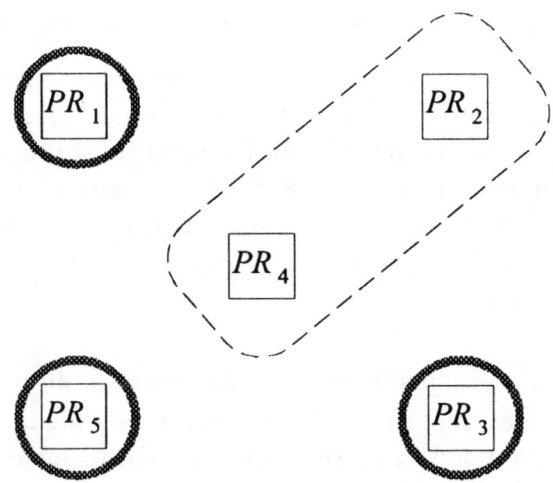

Abbildung 5.3.-3: *Reduzierter Hypergraph für das Beispiel*

stem besteht aus drei Komponenten, die Aufgaben im Rahmen
der AKB-Schleife übernehmen: Problemanalyse, Planerzeugung
mit Konfliktbehandlung und Evaluation. Das Vorgehen bei der
Lösung ist in vier Phasen eingeteilt. Die erste Phase umfaßt die
Analyse der harten Bedingungen. In der zweiten Phase wird eine erste zulässige Lösung als Basisplan erzeugt. In der dritten

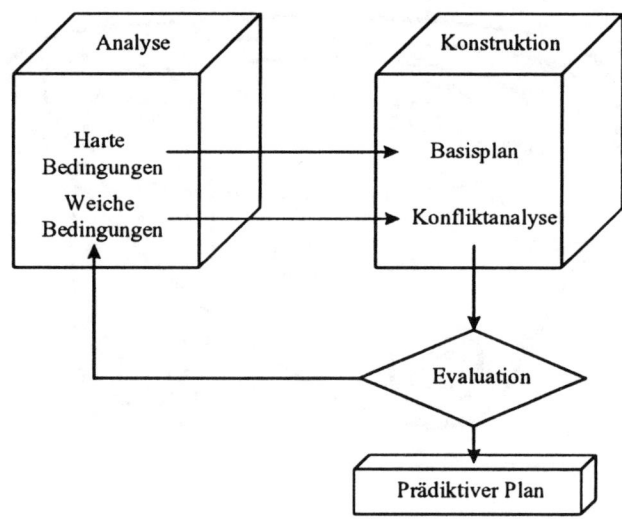

Abbildung 5.3.-4: *Entscheidungsunterstützung mit REST*

Phase werden die Präferenzen bzw. weichen Bedingungen und ihr Einfluß auf den Plan der zweiten Phase untersucht. In der letzten Phase wird schließlich die Konfliktauflösung durchgeführt und der Plan wird evaluiert. Falls Akzeptanz erreicht wird, ist ein ausführbarer Zielplan gefunden worden; falls nicht, wird der Durchlauf der Schleife mit neuen Bedingungen des Entscheidungsträgers wiederholt.

Das Entscheidungsunterstützungssystem kann auch für dynamische Formulierungen benutzt werden. Wenn harte Bedingungen oder Präferenzen sich ändern, wird das Vorgehen rollierend ausgeführt.

Beispiel 5.3.5: Gegeben seien die Menge von Verrichtungen

$$T = \{T_1, T_2, T_3, T_4, T_5, T_6, T_7, T_8\}$$

und die harten Bedingungen aus Abbildung 5.3.-5.(a). Bearbeitungsdauern, früheste und späteste Starttermine sind den Knotenmarkierungen $(p_j; EB_j, LB_j)$ zu entnehmen. Für die Ausführung von Verrichtungen werden zwei Typen von Ressourcen in folgender Anzahl benötigt:

$$R(T_1) = [2, 0]$$
$$R(T_2) = [2, 4]$$
$$R(T_3) = [0, 1]$$
$$R(T_4) = [4, 2]$$
$$R(T_5) = [1, 0]$$
$$R(T_6) = [2, 5]$$
$$R(T_7) = [3, 0]$$
$$R(T_8) = [0, 1]$$

Der Ressourcenvorrat ist $m = [5, 5]$.

Nach einer Analyse der harten Bedingungen wird der in Abbildung 5.3.-5.(b) dargestellte Basisplan konstruiert.

Bei der Repräsentation der Präferenzen als Constraint Satisfaction Problem beziehen sich die Variablen auf die Startzeiten der Verrichtungen, ihre Wertebereiche auf früheste und späteste Starttermine und die weichen Bedingungen auf die Menge der zu berücksichtigenden Präferenzen. Die Menge von Präferenzen sei gegeben mit

$$PR_1 = (T_3, T_4)$$
$$PR_2 = (T_4, T_2)$$
$$PR_3 = (T_2, T_3)$$
$$PR_4 = (T_4, T_3)$$
$$PR_5 = (T_6, T_7)$$
$$PR_6 = (T_7, T_5)$$
$$PR_7 = (T_5, T_2)$$
$$PR_8 = (T_8, T_6)$$
$$PR_9 = (T_5, T_6)$$
$$PR_{10} = (T_4, T_5)$$

(vgl. Abbildung 5.3.-6.). Der Basisplan von Abbildung 5.3.-5.(b) erfüllt nur zwei dieser Präferenzen.

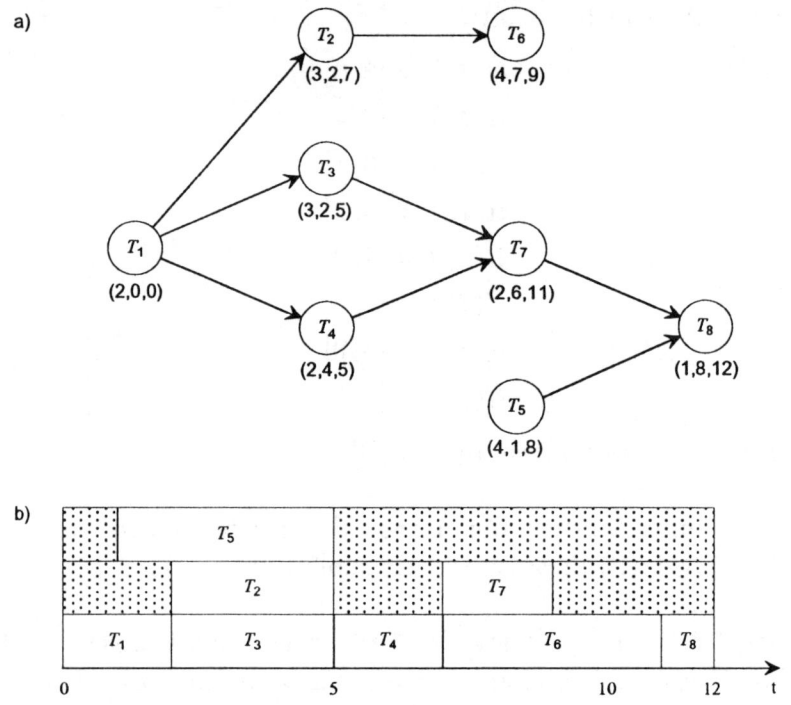

Abbildung 5.3.-5: *Harte Bedingungen und Basisplan*

Die Analyse von Konflikten beginnt mit den strukturellen. Die Schleifen im Graphen aus Abbildung 5.3.-6. führen zu den folgenden konfliktären Mengen

$$
\begin{aligned}
LC_1 &= \{PR_1, PR_4\} \\
LC_2 &= \{PR_1, PR_2, PR_3\} \\
LC_3 &= \{PR_5, PR_6, PR_9\} \\
LC_4 &= \{PR_1, PR_3, PR_7, PR_{10}\}.
\end{aligned}
$$

Die Analyse von zeitlichen Konflikten beginnt mit Verrichtungsketten der Länge 2. Daraus ergibt sich ein Konflikt mit $TC_1 = \{PR_4\}$. Aus der Analyse der Ketten mit Länge größer als 2 ergeben sich die in Tabelle 5.3.-2 dargestellten Konfliktmengen.

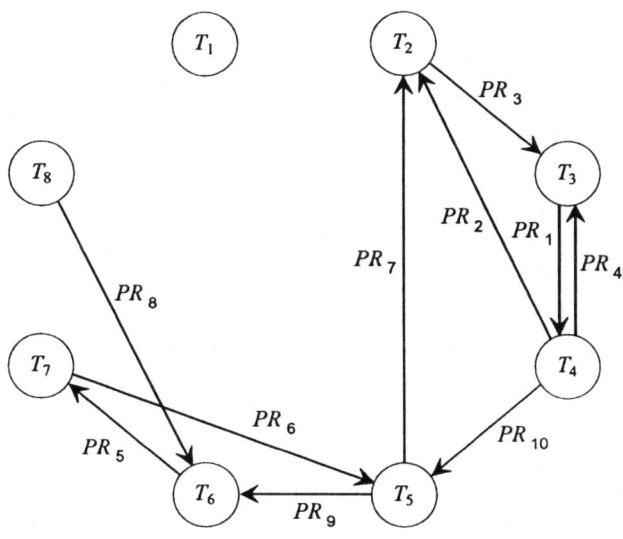

Abbildung 5.3.-6: *Strukturelle Konflikte*

Bisher wurden vier strukturelle und neun zeitliche Konfliktmengen gefunden. Zur Ermittlung des reduzierten Hypergraphen
müssen alle Mengen, bei denen bereits eine Teilmenge von Präferenzen konfliktär ist, *eliminiert* werden. Damit verbleiben die folgenden sieben konfliktären Mengen von Präferenzen:

$$\{PR_4\}$$
$$\{PR_1, PR_3\}$$
$$\{PR_2, PR_3\}$$
$$\{PR_5, PR_6\}$$
$$\{PR_6, PR_9\}$$
$$\{PR_1, PR_7, PR_{10}\}$$
$$\{PR_3, PR_7, PR_{10}\}$$

Der entsprechende reduzierte Hypergraph ist in Abbildung 5.3.-7.
dargestellt.

Zur Berücksichtigung von Konflikten aus Ressourcensicht müß-

Verrichtungskette	Konfliktäre Präferenzen
(T_4, T_3)	$TC_1 = \{PR_4\}$
(T_2, T_3, T_4)	$TC_2 = \{PR_1, PR_3\}$
(T_4, T_2, T_3)	$TC_3 = \{PR_2, PR_3\}$
(T_6, T_7, T_5)	$TC_4 = \{PR_5, PR_6\}$
(T_7, T_5, T_6)	$TC_5 = \{PR_6, PR_9\}$
(T_2, T_3, T_4, T_5)	$TC_6 = \{PR_1, PR_3, PR_{10}\}$
(T_3, T_4, T_5, T_2)	$TC_7 = \{PR_1, PR_7, PR_{10}\}$
(T_4, T_5, T_2, T_3)	$TC_8 = \{PR_3, PR_7, PR_{10}\}$
(T_5, T_2, T_3, T_4)	$TC_9 = \{PR_1, PR_3, PR_7\}$

Tabelle 5.3.-2: *Zeitlich konfliktäre Präferenzen*

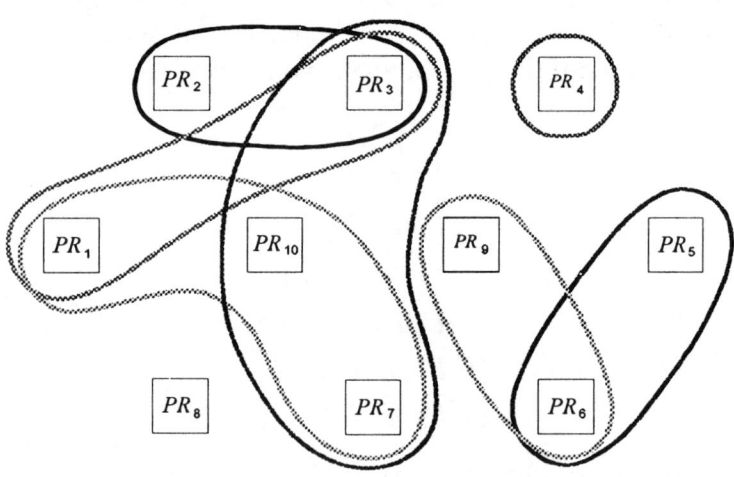

Abbildung 5.3.-7: *Reduzierter Hypergraph*

ten alle Kombinationen von Verrichtungen bestimmt werden, die
auf Grund beschränkter Ressourcen nicht simultan ausgeführt
werden können. Die Anzahl möglicher Konflikte wächst somit ex-
ponentiell in Abhängigkeit von der Anzahl der Verrichtungen.
Deshalb wird hier zunächst ein Ablaufplan ohne Berücksichtigung möglicher Ressourcenkonflikte erzeugt. Dann werden die
Verrichtungen, die bezüglich dieses Plans einen Ressourcenkon-
flikt aufweisen, bestimmt. Für diese werden harte Bedingungen
eingeführt, die eine simultane Ausführung dieser Verrichtungen
verhindern. Dann wird ein neuer Basisplan erzeugt, für den die
Erfüllung von Präferenzen geprüft werden muß. In dieser Weise
wird verfahren, bis eine akzeptable Lösung gefunden ist.

Bei der iterativen Konstruktion des Zielplans wird versucht,
eine Menge nicht konfliktärer Präferenzen mit maximaler Kardinalität zu finden, d.h. eine maximale Menge von Präferenzen, die
keine der Hyperkanten aus obigen Hypergraphen enthält. Dabei
beschränken wir uns auf eine heuristisch gefundene Lösung und
wenden Algorithmus 5.3.1 an.

Eine Heuristik wählt

$$\{PR_1, PR_2, PR_5, PR_7, PR_8, PR_9\}.$$

Es zeigt sich jedoch, daß nicht alle dieser Präferenzen gleichzeitig
erfüllt werden können. Zunächst wird der in Abbildung 5.3.-8. dargestellte Ablaufplan erzeugt. Dieser enthält zwei Ressourcenkonflikte durch die parallele Durchführung von T_2 und T_4 sowie von T_6
und T_8. Die Verrichtungen eines jeden Paares können nur sequentiell ausgeführt werden. Da schon die Präferenzen $PR_2 = (T_4, T_2)$
und $PR_8 = (T_8, T_6)$ existieren, werden diese als harte Bedingungen eingeführt. Auf diese Weise ergibt sich der Graph aus Abbildung 5.3.-9(a). Nach weiterer Analyse wird ein Zielplan erzeugt,
der die vier Präferenzen PR_2, PR_7, PR_8, PR_9 (Abbildung 5.3.-
9(b)) realisiert.

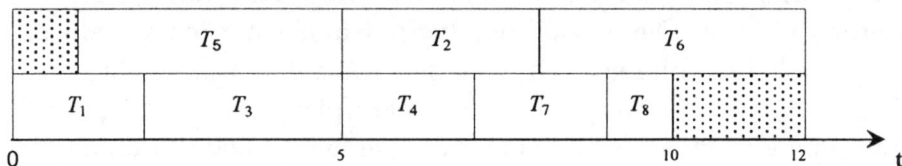

Abbildung 5.3.-8: *Unzulässiger Zielplan durch Ressourcenkonflikte*

a)

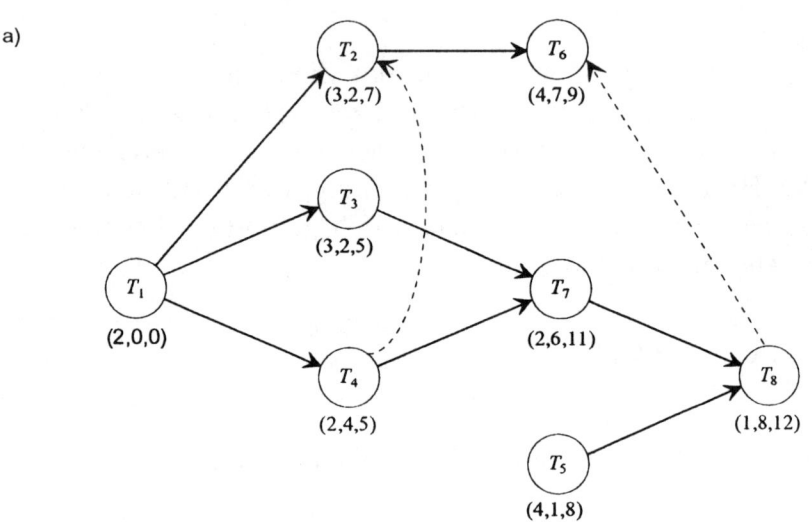

b)

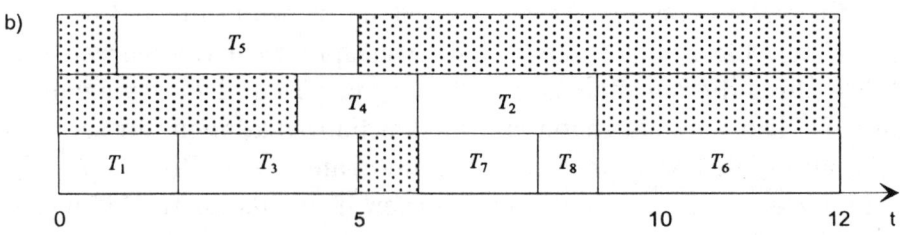

Abbildung 5.3.-9: *Zulässiger Zielplan*

5.3.2   Interaktive Steuerung

Wir wollen nun annehmen, daß ein Ablaufplan gefunden werden konnte. Für die *Steuerung* wird die reaktive Komponente des IPS aufgerufen. Diese hat die Aufgabe, den vorausschauenden Plan an aufgetretene Ereignisse anzupassen, wenn Handlungsbedarf besteht. Im folgenden soll erläutert werden, wie man die interaktive, reaktive Steuerung mit Hilfe der *Fuzzy-Logik* unterstützen kann. Die grundlegende Idee besteht darin, ein Diagnoseproblem zu lösen. Aufbauend auf der Diagnose müssen dann detaillierte Steuerungsentscheidungen im Sinne einer Therapie ausgewählt werden [Sch94]. Eine Möglichkeit besteht darin, Systemkennzahlen zu bestimmen und darauf aufbauend Prioritätsregeln auszuwählen.

Die Fuzzy-Logik erlaubt es, *vages* Wissen über Probleme zu verarbeiten. Die zugrundeliegende Theorie der Fuzzy-Mengen [Zad65] konzentriert sich auf die Modellierung von Unschärfe mit Hilfe mehrwertiger Logik. Dabei wird auf Datenaggregation und unscharfe Beziehungen abgestellt. Aggregation von Daten wird beispielsweise benutzt, wenn man einen Prozessor als "sehr gut geeignet" oder einen Zustand als "schwierige Situation" bezeichnet. Unscharfe Relationen treten in Formulierungen wie "nicht eiliger als" oder "recht ähnlich" auf.

Die Hauptkomponenten eines Fuzzy-Modells sind *linguistische Variable* und *Fuzzy-Regeln* bzw. Entscheidungstabellen [Kan86]. Eine linguistische Variable L kann durch $L = (X, U, f)$ repräsentiert werden, wobei die Menge X die zulässigen Werte der linguistischen Variablen L repräsentiert. Die Menge U repräsentiert den Wertebereich von L, und f ist die Zugehörigkeitsfunktion von L, die jedem Element $x \in X$ eine Fuzzy-Menge $A(x) = \{u, f_x(u)\}$ zuordnet, wobei $f_x(u) \in [0, 1]$.

Eine *Entscheidungstabelle* ist ein Regelsystem und besteht aus einer Menge von Bedingungen (Wenn-Teile) und einer Menge von Aktionen (Dann-Teile). Im Falle mehrerer Bedingungen oder mehrerer Aktionen müssen Bedingungen oder Aktionen durch entsprechende Operatoren verbunden werden. Falls alle Bedingungen einen genauen Wert haben, dann sind Entscheidungstabellen deterministisch. Falls Fuzzy-Variablen benutzt werden, um Bedingungen oder Aktionen zu repräsentieren, werden nicht deterministische Entscheidungstabellen erzeugt. Diese Art von Tabellen ist der menschlichen Schlußfolgerungsweise sehr ähnlich. Um die Interaktion linguistischer Variablen im Rahmen von Entscheidungstabellen zu repräsentieren, müssen mengentheoretische Operationen eingeführt werden, um die resultierenden Zugehörigkeitsfunktionen bestimmen zu können. Die verbreitetsten Operatoren sind die *Vereinigung* $(C = A \cup B)$, der *Schnitt* $(D = A \cap B)$ und das *Komplement*. Im Falle einer Vereinigung gilt $f_C(u) = max\{f_A(u), f_B(u)\}$, im Falle eines Schnitts gilt $f_D(u) = min\{f_A(u), f_B(u)\}$, und im Falle des Komplements $A°$ von A gilt $f_{A°}(u) = 1 - f_A(u)$.

Beispiel 5.3.6: Vor einzelnen Prozessoren haben sich Warteschlangen von Aufträgen gebildet. Für jeden Auftrag J_j sind die Anzahl der Aufträge N_j, die vor ihm in der Schlange warten, seine Erfüllungstermine d_j und seine Pufferzeit $s_j = d_j - t$ bekannt, wobei t die aktuelle Zeit repräsentiert. Die Erfüllungstermine und die Zuordnung der Aufträge zu den einzelnen Prozessoren sind durch die vorausschauende Planung festgelegt. Ziel des reaktiven Teils ist es jetzt, kritische Aufträge zu diagnostizieren. Ein Auftrag ist *kritisch*, wenn er Gefahr läuft, seinen Erfüllungstermin zu überschreiten und deshalb neu disponiert werden muß. N_j und s_j sind die linguistischen Eingabevariablen, und "wird kritsch" ist die herzuleitende Ausgabevariable der Entscheidungstabelle. Die Zugehörigkeitsfunktion der individuellen Werte der Variablen wird durch eine Wissenserwerbsprozedur bestimmt, die hier nicht näher beschrieben werden soll. Die in Tabelle 5.3.-.3 dargestellte Entscheidungstabelle repräsentiert das Regelsystem.

Die Zeilen repräsentieren die Werte der Variable N_j und die Spalten die Werte der Variablen s_j. Beide Variablen sind durch einen UND-Operator in jeder Regel verknüpft. Durch die obi-

UND	KLEIN	MITTEL	GROSS
WENIGE	*bald*	*später*	*nicht zu erwarten*
EINIGE	*jetzt*	*später*	*nicht zu erwarten*
VIELE	*jetzt*	*bald*	*nicht zu erwarten*
SEHR VIELE	*jetzt*	*bald*	*später*

Tabelle 5.3.-3: *Entscheidungstabelle des Fuzzy-Systems*

ge Tabelle 5.3.-3 werden 12 Regeln definiert. Jedes Element der Tabelle repräsentiert einen Wert der Variablen "wird kritisch", abhängig von der jeweiligen Regel. So bedeutet beispielsweise, wenn "einige" Aufträge sich vor dem zu analysierenden Auftrag in der Schlange befinden und der Puffer des aktuellen Auftrages "mittelgroß" ist, daß erst zu einem "späteren Zeitpunkt" darüber entschieden wird, ob der Auftrag kritisch ist. Um diese Ergebnisse zu erhalten, muß die Zugehörigkeitsfunktion der Eingabevariablen mit Hilfe der Operatoren in eine zweite Zugehörigkeitsfunktion verwandelt werden, die den Wert der Ausgabevariablen für jede Regel angibt. Die resultierenden Fuzzy-Mengen aller Regeln werden dann durch Operatoren verbunden. Dieses Vorgehen wurde getestet und ist für diese Anwendung geeignet [Sch94].

Als Ergebnis erhält der Entscheidungsträger Informationen darüber, welche Aufträge wann neu disponiert werden müssen, und zwar "jetzt", "bald", "später" oder ob eine Neudisposition "nicht zu erwarten" ist. Auf der Basis dieser Informationen kommen zwei Handlungsalternativen in Frage; entweder muß ein vollständig neuer vorausschauender Plan erzeugt werden, oder es können ad hoc Entscheidungen auf der reaktiven Ebene getroffen werden. Auch hier ist es sinnvoll, die Entscheidungen, die auf diese Art unterstützt werden, zu protokollieren und ex post genau zu evaluieren. So kann das System aus der Vergangenheit lernen, um bessere Entscheidungen in der Zukunft zu fällen. Ein

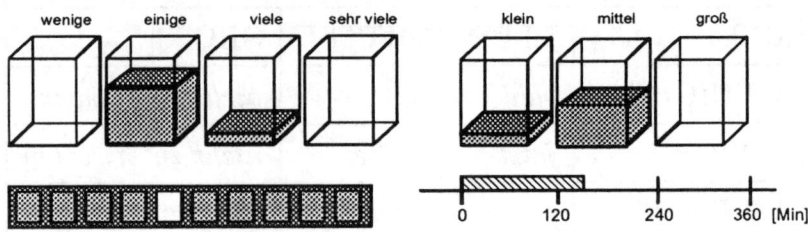

Abbildung 5.3.-10: *Darstellung der Informationen*

Ansatz in dieser Richtung ist es, Kennzahlen zu bestimmen, die entsprechende Prioritätsregeln für eine Neudisposition von Aufträgen auslösen.

Das Fuzzy-Steuerungssystem ist implementiert worden. Zwei Masken dienen als Benutzerschnittstelle. Auf einer sind die Aufträge, die sich in einer Warteschlange befinden, und ihre entsprechende Pufferzeit dargestellt. Ein Beispiel ist in Abbildung 5.3.-10. zu sehen.

In der Warteschlange eines Prozessors befinden sich zehn Aufträge, die zu bearbeiten sind. Der Auftrag, dessen Status zu diagnostizieren ist, ist durch ein weißes Rechteck dargestellt. Oberhalb der Warteschlange sind verschiedene Fuzzy-Mengen, bezogen auf die linguistische Variable N_j dargestellt; zusätzlich sind die Werte der entsprechenden Zugehörigkeitsfunktionen angegeben. Die Pufferzeit des zu analysierenden Auftrags beträgt gegenwärtig 130 Minuten. Auch diese Angabe ist durch die entsprechenden Fuzzy-Mengen und Zugehörigkeitsfunktionen oberhalb des Zeitmaßstabes dargestellt.

Wendet man die in der Entscheidungstabelle hinterlegten Regeln an, so ergibt sich das in Abbildung 5.3.-11. dargestellte Bild. Das Ergebnis des ersten Teils der Inferenz zeigt, daß für den Auftrag J_j die Ausgabevariable "wird kritisch" mit den Werten "bald" und "später" anteilig belegt ist. Dies wird durch die Segmentierung in der Abbildung repräsentiert. Aus diesem Ergebnis kann geschlossen werden, daß der Auftrag J_j aktuell nicht neu zu

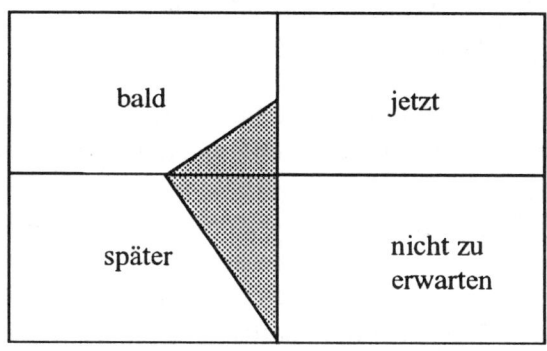

Abbildung 5.3.-11: *Ergebnisse der Inferenz*

disponieren ist.

5.4 Verbindung von empirischem und analytischem Wissen

Um zu erläutern, wie verschiedene Wissensarten mit dem Ziel der Lösung von Ablaufplanungsproblemen verbunden werden können, soll ein Beispiel dienen. Aus Einfachheitsgründen ist es klein gehalten. Es soll angenommen werden, daß es sich bei den verfügbaren Prozessoren um identische, parallele Prozessoren handelt, die alle mit der gleichen Geschwindigkeit arbeiten. Die auszuführenden Aufträge sind bekannt. Eine Präferenz des Entscheidungsträgers ist es, daß alle Aufträge in den nächsten acht Stunden erledigt werden sollten. Damit ist das Problem grob beschrieben.

Zunächst wird *analytisches* Wissen für die Problemlösung herangezogen. Damit ergeben sich die folgenden Einsichten.

(1) Die Länge eines Planes wird hauptsächlich dadurch bestimmt, in welcher Reihenfolge die Aufträge in das Arbeitssystem eintreten, welcher Prozessor als nächster dem einzelnen Auftrag zugeordnet wird und welche Position der ein-

zelne Auftrag vor dem zugeordneten Prozessor in der Warteschlange einnimmt.

(2) Da alle Prozessoren identisch sind, können auch alle Aufträge von allen Prozessoren bearbeitet werden, und damit
ist auch eine Unterbrechbarkeit von Aufträgen und die Bearbeitung durch mehr als einen Prozessor möglich.

(3) Die Präferenz, daß alle Aufträge in den nächsten acht Stunden ausgeführt werden sollten, kann in das Zielkriterium
"minimale Planlänge" übersetzt werden.

(4) Es ist bekannt, daß für identische Prozessoren, unabhängige Aufträge und das Ziel der Minimierung der Planlänge
solche Pläne, die die Unterbrechbarkeit von Verrichtungen
zulassen, nie schlechter sind als solche, die diese Möglichkeit
nicht berücksichtigen.

Aufbauend auf den Einsichten (1)-(4) wird durch die Analysekomponente ein entsprechendes Constraint Satisfaction Problem
formuliert. Durch die Konstruktionskomponente wird vorgeschlagen, die Regel von McNaughton anzuwenden. Danach wird der
so erzeugte Ablaufplan durch die Bewertungskomponente unter
Berücksichtigung empirischen Wissens evaluiert. Dabei stellt man
zunächst fest, daß alle Aufträge in den nächsten acht Stunden
ausgeführt werden können. Die Prozessoren haben sogar noch
genügend Kapazität, um zusätzliche Aufträge in dieser Zeit auszuführen. Um die Dynamik des Problems abbilden zu können,
wird der Plan unter Berücksichtigung von Transportzeiten genauer evaluiert. Transportzeiten treten immer dann auf, wenn ein
Auftrag auf einem Prozessor unterbrochen und auf einem anderen
Prozessor weiterbearbeitet wird. In diesem Fall tritt eine Trans-
portzeit zwischen den beiden Prozessoren auf. Bei der genaueren
Evaluation stellt sich heraus, daß der eingangs erzeugte Plan doch
nicht zulässig ist. Die Transportzeiten haben einen wesentlichen
Einfluß auf die Planlänge, und es zeigt sich, daß die Aufträge doch
nicht innerhalb der nächsten acht Stunden durchgeführt werden
können, wenn man die Transportzeiten berücksichtigt.

Nun muß das Problem nochmals analysiert und das Constraint System angepaßt werden. Dabei ergibt sich die Einsicht, daß zur Vermeidung von Transportzeiten eine Bearbeitung von Aufträgen von mehr als einem Prozessor nicht mehr erlaubt werden kann. Dies wird durch die Einführung von weiteren harten Constraints festgelegt. In der zweiten Iteration schlägt die Konstruktionskomponente die Anwendung der *LPT*-Regel vor. Es soll angenommen werden, daß der mit Hilfe dieser Regel generierte Plan vom Entscheidungsträger akzeptiert wird. Die entsprechenden Vorgaben für die reaktive Steuerung werden jetzt aus den geplanten frühesten Start- und den spätesten Endterminen der einzelnen Aufträge festgelegt. Darüber hinaus wird die Anwendung der *LPT*-Regel in eine Strategie auf der reaktiven Ebene übersetzt. Sie lautet: Schleuse alle Aufträge in der Reihenfolge nicht steigender Bearbeitungszeiten ein und ordne eine Verrichtung dem Prozessor zu, in dessen Warteschlange die geringste gebundene Arbeit liegt. Der Prozessor seinerseits wählt den nächsten durchzuführenden Auftrag aus seiner Warteschlange entsprechend der *FCFS*-Regel aus.

Solange das Arbeitssystem ohne Störungen arbeitet, wird der eben formulierten, aus der *LPT*-Regel abgeleiteten Strategie gefolgt. Zur Demonstration der *reaktiven* Arbeitsweise soll nun angenommen werden, daß ein Prozessor ausfällt und die Aufträge, die sich in seiner Warteschlange befinden, auf andere Prozessoren verteilt werden müssen. Es soll weiterhin angenommen werden, daß durch den Prozessorausfall nicht alle Aufträge in den nächsten acht Stunden erfüllt werden können. Das Prozeßmanagement verlangt jetzt, so viele Aufträge wie möglich innerhalb der nächsten acht Stunden abzuschließen. Die *FCFS*-Strategie ist nicht mehr anwendbar. Es muß eine geeignete ad hoc Entscheidung für eine lokale Anpassung des Plans gefunden werden. Um eine solche Maßnahme zu finden, müßte man wiederum eine genaue Analyse im Sinne von Diagnose und Therapie, jetzt aber auf der reaktiven Ebene, vorzunehmen. Wenn ausreichend Zeit zur Verfügung steht, könnten auch entsprechende Evaluationen ausgeführt werden. Generell ist dies aber nicht möglich. Zur Lösung des reaktiven

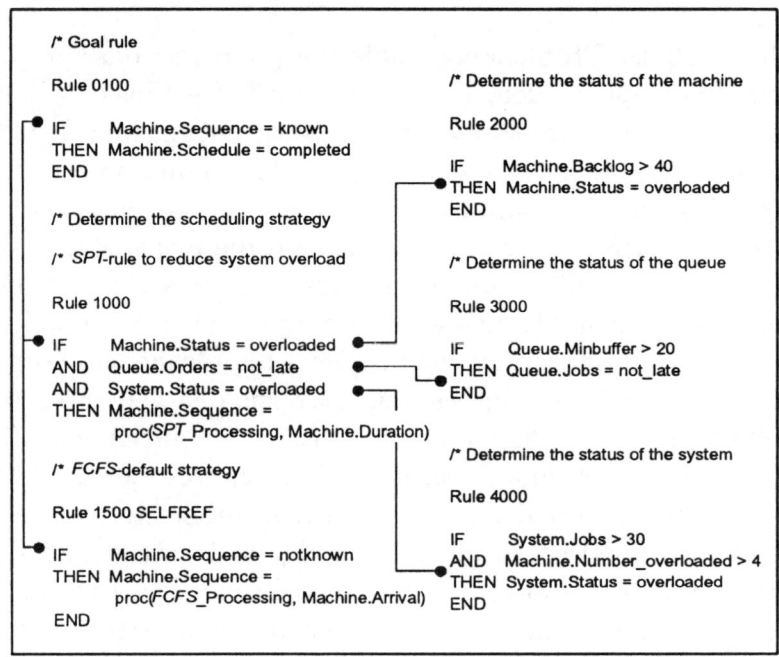

Abbildung 5.4.-1: *Regelsystem für die Steuerung*

Problems werden die in Abbildung 5.4.-1 dargestellten Regeln und Verkettungen angewendet.

Nachdem mit Hilfe der Regeln 2000, 3000 und 4000 die Voraussetzungen zur Anwendung der Regel 1000 geklärt wurden, wird durch ihre Ausführung die *SPT-Regel* angewendet. Diese Regel ordnet Aufträge einzelnen Prozessoren, entsprechend nicht fallender Bearbeitungszeiten zu. Sie wird wegen des verfolgten Zielkriteriums vorgeschlagen, und ihr wird so lange gefolgt, bis neue Ereignisse eintreten, die eine Revision der Strategie auf reaktiver Ebene erfordern.

Am Ende dieses Buches soll noch einmal der Zusammenhang eines intelligenten Prozeßmanagmentsystems und des computerintegrierten Unternehmensprozesses, wie er am Anfang beschrieben wurde, aufgezeigt werden. Das IPS muß mit bereits existieren-

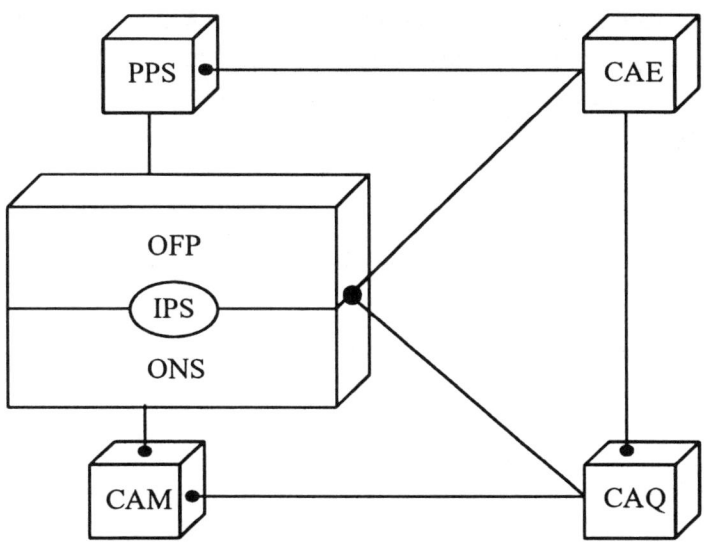

Abbildung 5.4.-2: *Computerintegriertes IPS*

den Informationssystemen im Unternehmen verknüpft werden. Es hat Schnittstellen zu Planungssystemen auf taktischer Ebene und zu den entsprechenden realzeitorientierten Systemen auf Ausführungsebene. Es repräsentiert den Teil des Prozeßmanagementsystems, der eine Rückkopplung in Form von Regelkreisen zwischen der Ausführungs- sowie der Planungs- und Steuerungsebene erfordert. Der vertikale Fluß von Informationen wird unterstützt durch den horizontalen Fluß über die entsprechenden CAE- und CAQ-Systeme. Die Einordnung des IPS im Rahmen des computerintegrierten Prozeßmanagements ist in Abbildung 5.4.-2. dargestellt.

Die modulare und offene Architektur des Systems ermöglicht, eine schrittweise Einführung. Dies gilt auch für die Erweiterung auf das *verteilte* Prozeßmanagement. Für jedes einzelne Arbeitssystem wird ein entsprechendes IPS entworfen. Diese lokalen Systeme können auf verschiedenen Rechnern implementiert und müssen durch ein geeignetes Kommunikationsnetz verbunden werden. Zusätzlich kann man ein Master-IPS als Koordinierungsinstrument auf einer übergeordneten Ebene einführen. Auf horizontaler Ebene arbeitet jedes IPS unabhängig von den entsprechenden Nachbarsystemen. Auf vertikaler Ebene erhält jedes IPS Vorgaben vom Master-System.

Literaturverzeichnis

[AK90]   Aarts, E., Korst, J., *Simulated Annealing and Boltz-mann Machines*, Wiley, New York, 1990

[Ata91]   Atabakhesh, H., A survey for constraint based sche-duling systems using an artificial intelligence ap-proach, *Artif. Intell. Eng. 6*, 58-73, 1991

[Bar81]   Barani, I., A vector-sum theorem and its applicati-on to improving flow shop guarantees, *Math. Oper. Res. 6*, 445-452, 1981

[Ber76]   Berge, C., *Graphs and Hypergraphs*, North-Holland, Amsterdam, 1976

[BESW94]   Blazewicz, J., Ecker, K., Schmidt, G., Weglarz, J., *Scheduling in Computer and Manufacturing Sy-stems*, Springer, Berlin, 1994

[BEPSW96]   Blazewicz, J, Ecker, K., Pesch, E., Schmidt, G., Weglarz, J., *Scheduling Computer and Manufactu-ring Processes*, Springer, Berlin, 1996

[BFR71]   Bratley, P., Florian, M., Robillard, P., Scheduling with earliest start and due date constraints, *Naval Res. Logist. Quart. 18*, 511-517, 1971

[BPH82]   Blackstone, J.H., Phillips, D.T., Hogg, G.L., A state-of-the-art survey of dispatching rules for ma-nufacturing job shop operations, *Int. J. Prod. Res. 20*, 27-45, 1982

[Bra79] Brachman, R., On the epistemological status of semantic networks, in: N. Findler (ed.), *Associative Networks*, Academic Press, New York, 1979

[Bru95] Brucker, P., *Scheduling Algorithms*, Springer, Berlin, 1995

[BS80] Buzacott, J.A., Shanthikumar, J.G., Models for understanding flexible manufacturing systems, *AIIE Trans. 12(4)*, 339-349, 1980

[BS85] Buzacott, J.A., Shanthikumar, J.G., On approximate queueing models of dynamic job shops, *Man. Sci. 31*, 870-887, 1985

[BS95] Brown, D., Scherer, W.T. (eds.), *Intelligent Scheduling Systems*, Kluwer, Boston, 1995

[Bul82] Bulgren, W., *Discrete System Simulation*, Prentice Hall, New Jersey, 1982

[Bus96] Bußler, C., Workflow-management-systems as enterprise integration tools, in: Bernus, P., Nemes, C., *Modelling and Methodologies for Enterprise Integration*, Chapman and Hall, London, 234-247, 1996

[Buz76] Buzacott, J. A., The production capacity of job shops with limited storage space, *Int. J. Prod. Res. 14*, 597-605, 1976

[Buz82] Buzacott, J.A., Optimal operating rules for automated manufacturing systems, *IEEE Trans. Auto. Control 27*, 80-86, 1982

[Car82] Carlier, J., The one-machine sequencing problem, *Europ. J. Oper. Res. 11*, 42-47, 1982

[CMM67] Conway, R.W., Maxwell, W.L., Miller, L.W., *Theory of Scheduling*, Addison-Wesley, Reading, 1967

[CPP88]   A. Collinot, A., Le Pape, C., Pinoteau, G., SONIA: a knowledge-based scheduling system, *Artif. Intell. Eng. 3*, 86-94, 1988

[CS90]   Cheng, T.C.E., Sin, C.C.S., A state-of-the-art review of parallel machine scheduling research, *Europ. J. Oper. Res. 47*, 271-292, 1990

[CY91]   Coad, P., Yourdon, E., *Object-Oriented Analysis*, Prentice Hall, Englewood Cliffs, 1991

[DD91]   Domschke, W., Drexl, A., *Einführung in Operations Research*, Springer, Berlin, 1991

[Din92]   Dinkelbach, W., *Operations Research*, Springer, Berlin, 1992

[DP88]   Dechter, R., Pearl, J., Network-based heuristics for constraint-satisfaction problems, *Artif. Intell. 34*, 1-38, 1988

[EGS97]   Ecker, K., Gupta, J.N.D., Schmidt, G., A framework for decision support systems for scheduling problems, *Europ. J. Oper. Res.*, im Druck

[Eps94]   Epstein, R. L., *The Semantic Foundations of Logic: Predicate Logic*, Oxford University Press, New York, 1994

[ES93]   Ecker, K., Schmidt, G., Conflict resolution algorithms for scheduling problems, in: K. Ecker, R. Hirschberg (eds.), *Workshop on Parallel Processing*, TU Clausthal, 81-90, 1993

[FK85]   Fikes, R., Kehler, T., The role of frame-based representation in reasoning, *Comm. of the ACM 28*, 904-920, 1985

[Fox87]   Fox, M.S., *Constraint Directed Search: A Case Study of Job-Shop Scheduling*, Morgan Kaufmann, San Francisco, 1987

[FS90] Fox, M.S., Sycara, K., Overview of CORTES: a constraint based approach to production planning, scheduling and control, *Proc. 4th Int. Conf. Expert systems in Production and Operations Management*, 1-15, 1990

[Gai83] Gaitanides, M., *Prozeßorganisation*, Vahlen, München, 1983

[GG85] Genesareth, M.R., Ginsberg, M.L., Logic programming, *Comm. of the ACM 28*, 933-941, 1985

[GGR92] Glaser, H., Geiger, W., Rohde, V., *Produktionsplanung und -steuerung*, Gabler, Wiesbaden, 1992

[GJ79] Garey, M.R., Johnson, D.S., *Computers and Intractability: a Guide to the Theory of NP-Completeness*, Freemann, San Francisco, 1979

[GK87] Gupta, S.K., Kyparisis, J., Single machine scheduling research, *Omega 15*, 207-227, 1987

[GLLRK79] Graham, R.L., Lawler, E.L., Lenstra, J.K., Rinnooy Kan, A.H.G., Optimization and approximation in deterministic sequencing and scheduling theory: a survey, *Ann. Discrete Math. 5*, 287-326, 1979

[Gon77] Gonzalez, T., Optimal mean finish time preemptive schedules, *Technical Report 220*, Computer Science Department, Pennsylvania State Univ., 1977

[GS78] Gonzalez, T., Sahni, S., Flowshop and jobshop schedules: Complexity and approximation, *Oper. Res. 20*, 36-52, 1978

[GT95] Günther, H.-O., Tempelmeier, H., *Produktion und Logistik*, Springer, Berlin, 1995

[Gut79] Gutenberg, E., *Grundlagen der Betriebswirtschaftslehre, Band I: Die Produktion*, Springer, Berlin, 1979

[Hau89]   Haupt, R., A survey of priority rule-based scheduling, *OR- Spektrum 11*, 3-16, 1989

[Hor74]   Horn, W.A., Some simple scheduling algorithms, *Naval Res. Logist. Quart. 21*, 177-185, 1974

[Jac55]   Jackson, J.R., Scheduling a production line to minimize maximum tardiness, *Res. Report 43 Management Research Project*, University of California, Los Angeles, 1955

[Jac56]   Jackson, J.R., An extension of Johnson's results on job lot scheduling, *Naval Res. Logist. Quart. 3*, 201-203, 1956

[Joh54]   Johnson, S.M., Optimal two- and three-stage production schedules with setup times included, *Naval Res. Logist. Quart. 1*, 61-68, 1954

[Jon73]   Jones, C.H., An economic evaluation of job shop dispatching rules, *Man. Sci. 20*, 293-307, 1973

[Kan86]   Kandel, A., *Fuzzy Mathematical Techniques with Applications*, Addison-Wesley, Reading, 1986

[Ked70]   Kedia, S.K., A job scheduling problem with parallel processors, *Report Dept. of Ind. Eng.*, University of Michigan, Ann Arbor, 1970

[KKK85]   Karmarkar, U.S., Kekre, S., Kekre, S., Lotsizing in multi-item machine job shops, *IIE Trans. 17*, 290-298, 1985

[Kle75]   Kleinrock, L., *Queueing Systems*, Wiley, New York, 1975

[KSW94]   Kuik, R., Salomon, M., van Wassenhove, L.N., Batching decisions: structure and models, *Europ. J. Oper. Res. 75*, 243-263, 1994

[Law82]   Lawler, E.L., Sequencing a single machine to mi-
            nimize the number of late jobs, *Preprint Computer
            Science Division*, University of California, Berkeley,
            1982

[Len77]   Lenstra, J.K., *Sequencing by Enumerative Methods*,
            Mathematical Centre Tract 69, Mathematisch Cen-
            trum, Amsterdam, 1977

[LRKB77]   Lenstra, J.K., Rinnooy Kan, A.H.G., Brucker, P.,
            Complexity of machine scheduling problems, *Ann.
            Discrete Math. 1*, 343-362, 1977

[McN59]   McNaughton, R., Scheduling with deadlines and
            loss functions, *Man. Sci. 6*, 1-12, 1959

[MC69]   Muntz, R., Coffman, Jr., E. G., Optimal preemp-
            tive scheduling on two-processor systems, *IEEE
            Trans. Comput. C-18*, 1014-1029, 1969

[MC70]   Muntz, R., Coffman, Jr., E.G., Preemptive schedu-
            ling on real time tasks on multiprocessor systems,
            J. Assoc. Comput. Mach. 17, 324-338, 1970

[MS92]   Mai, W., Schmidt, G., Was Leitstandsysteme heute
            leisten, *CIM Management 3*, 26-32, 1992

[MS96]   Meyer, J., Schmidt, G., Case-based Reasoning
            in der Fertigungsplanung und -steuerung, *Wirt-
            schaftsinformatik 38 (1)*, 57-60, 1996

[MSS88]   Matsuo, H, Suh, C.J., Sullivan, S., A controlled
            search simulated annealing method for the general
            job shop scheduling problem, *WP 03-04-88 Depart-
            ment of Management*, Graduate School of Business,
            University of Texas, Austin, 1988

[NS63]   Newell, A., Simon, H., GPS, a program that simu-
            lates human thought, in: E.A. Feigenbaum, J. Feld-
            man (eds.), *Computers and Thought*, McGraw-Hill,
            New York, 279-293, 1963

[Pap94]   Papadimitriou, C.H., *Computational Complexity*, Addison-Wesley, Reading, 1994

[Par95]   Parker, G., *Deterministic Scheduling Theory*, Chapman and Hall, London, 1995

[Pin95]   Pinedo, M., *Scheduling: Theory, Algorithms, and Systems*, Prentice Hall, Englewood Cliffs, 1995

[PI77]   Panwalker, S.S., Iskander, W., A survey of scheduling rules, *Oper. Res. 25*, 45-61, 1977

[PS96]   Pattloch, M., Schmidt, G., Lotsize scheduling of two job types on identical processors, *Discrete Appl. Math. 65*, 409-419, 1996

[RK76]   Rinnooy Kan, A.H.G., *Machine Scheduling Problems: Classification, Complexity and Computations*, Martinus Nijhoff, The Hague, 1976

[RS83]   Röck, H., Schmidt, G., Processor aggregation heuristics in shop scheduling, *Methods Oper. Res. 45*, 303-314, 1983

[Sch71]   Schrage, L.E., Obtaining optimal solutions to resource constrained network scheduling problems, *AIIE Systems Engineering Conference*, Phoenix, Arizona, 1971

[Sch84]   Schmidt, G., Scheduling on semi-identical processors, *Zeitschrift für Operations Research A28*, 153-162, 1984

[Sch88]   Schmidt, G., Scheduling independent tasks with deadlines on semi-identical processors, *J. Oper. Res. Soc. 39*, 271-277, 1988

[Sch89]   Schmidt, G., *CAM: Algorithmen und Decision Support für die Fertigungssteuerung*, Springer, Berlin 1989

[Sch89a]   Schmidt, G., Constraint satisfaction problems in project scheduling, in: R. Slowinski, J. Weglarz (eds.), *Advances in Project Scheduling*, Elsevier, Amsterdam, 135-150, 1989

[Sch92]   Schmidt, G., Minimizing changeover costs on a single machine, in: Bühler,W. et al. (eds.), *DGOR Proceedings 90, Vol. 1*, Springer, Berlin , 425-432, 1992.

[Sch92a]   Schneeweiß, C., *Einführung in die Produktionswirtschaft*, Springer, Berlin, 1992

[Sch94]   Schmidt, G., How to apply fuzzy logic to reactive scheduling, in: E. Szelke, R. Kerr (eds.), *Knowledge Based Reactive Scheduling*, North Holland, Amsterdam, 57-68, 1994

[Sch96]   Schmidt, G., Modelling production scheduling systems, *International Journal of Production Economics 46/47*, 109-118, 1996

[Sch96a]   Schmidt, G., *Informationsmanagement*, Springer, Berlin, 1996

[Sch96b]   Schmidt, G., Scheduling models for workflow management, in: Scholz-Reiter, B., Stickel, E. (eds.), *Business Process Modelling*, Springer, Berlin, 1996

[SPPMM90]   Smith, S.F., Peng, S.O., Potvin, J.-Y., Muscettola, N., Matthys, D.C., An integrated framework for generating and revising factory schedules, *J. Oper. Res. Soc. 41*, 539-552, 1990

[Smi56]   Smith, W.E., Various optimizers for single-stage production, *Naval Res. Logist. Quart. 3*, 59-66, 1956

[SS90]   Sarin, S.C., Salgame, R.R., Development of a knowledge-based system for dynamic scheduling, *Int. J. Prod. Res. 28*, 1499-1512, 1990

[TK93]   Tempelmeier, H., Kuhn, H., *Flexible Fertigungssysteme*, Springer, Berlin, 1993

[Vep84]   Vepsalainen, A.P.J., State dependent priority rules for scheduling, *WP CMU-RI-TR-84-19*, Pittsburgh, 1984

[Wei92]   Weiss, G., A tutorial in stochastic scheduling, *Proceedings NSF Design and Manufacturing Grantees Conference*, Tempe, Arizona, 1992

[WS85]   Wilhelm, W.E., Shin, H.-M., Effectiveness of alternate operations in a flexible manufacturing system, *Int. J. Prod. Res.*, 65-79, 1985

[YB85]   Yao, D.D., Buzacot, J.A., Modelling a class of state-dependent routing in flexible manufacturing systems, *Int. J. Prod. Res. 23*, 945-959, 1985

[Zad65]   Zadeh, L.A., Fuzzy sets, *Inform. Control 8*, 338-353, 1965

[Zap82]   Zäpfel, G., *Produktionswirtschaft*, de Gruyter, Berlin, 1982

[ZF94]   Zweben, M., Fox, M. S. (eds.), *Intelligent Scheduling*, Morgan Kaufmann, San Francisco, 1994

Index

H.-O. Günther, H. Tempelmeier

Produktion und Logistik

3. überarb. u. erw. Aufl. 1997. X, 316 S. 121 Abb., 61 Tab.
(Springer-Lehrbuch) Brosch. **DM 36,-;** öS 262,80;
sFr 32,50 ISBN 3-540-61960-7

Dieses Lehrbuch vermittelt eine anwendungsorientierte
Einführung in die industrielle Produktion und Logistik.
Es behandelt die wichtigsten produktionswirtschaftlichen
und logistischen Planungsprobleme und stellt die zu ihrer
Lösung verfügbaren grundlegenden Methoden im Über-
blick dar. Erfaßt werden sowohl Fragen des strategischen
Produktionsmanagements als auch die Gestaltung der
Infrastruktur des Produktionssystems. Den Hauptteil bil-
det die operative Planung und Steuerung der Produktion.

H.-O. Günther, H. Tempelmeier

Übungsbuch Produktion und Logistik

2., verb. u. erw. Aufl. 1996. XVII, 231 S. 73 Abb.
(Springer-Lehrbuch) Brosch. **DM 29,80;** öS 217,60;
sFr 27,- ISBN 3-540-60879-6

H.-O. Günther, H. Tempelmeier

Produktionsmanagement
Einführung mit Übungsaufgaben

2., vollst. überarb. u. erw. Aufl. 1995. XVII, 447 S.
129 Abb., 233 Tab. (Springer-Lehrbuch) Brosch.
DM 49,80; öS 363,60; sFr 44,50 ISBN 3-540-60248-8

Dieses Lehrbuch vermittelt eine praxisorientierte Einführung in das Produktionsmanagement anhand von Übungs-
aufgaben, Anschauungsbeispielen, Fallstudien sowie
Diskussions- und Verständnisfragen. Produktionsmanagement wird als eine entscheidungsorientierte Lehre der
industriellen Produktion verstanden.

K. Neumann

Produktions- und Operations-Management

1996. XII, 368 S. 136 Abb. 46 Tab. Brosch. **DM 49,80;**
öS 363,60; sFr 44,50 ISBN 3-540-60929-6

Dieses Lehrbuch ist quantitativen Methoden der Produk-
tionsplanung, -steuerung und -kontrolle gewidmet.
Neben Verfahren zur Lösung traditioneller Probleme der
Produktionsplanung werden leistungsfähige Methoden zur
Planung spezieller Produktionssegmente dargestellt.

G. Fandel

Produktion I
Produktions- und Kostentheorie

5. Aufl. 1996. XVI, 327 S. 139 Abb., 23 Tab. (Bd. 1)
Brosch. **DM 49,80;** öS 363,60; sFr 44,50
ISBN 3-540-61469-9

Nach einer einführenden Stoffübersicht und -einordnung
werden aus der Aktitivitätsanalyse heraus die verschiedenen Produktionsfunktionen entwickelt. Sie sind um
technische, stochastische, dynamische und empirische
Betrachtungen ergänzt. Darauf bauen dann die kosten-
theoretischen Ansätze zur Ableitung von Kostenfunktionen auf. Ein breiter Raum ist schließlich betrieblichen
Anpassungsprozessen in der Produktion gewidmet.

C. Schneeweiß

Einführung in die Produktionswirtschaft

6. neubearb. und erw. Aufl. 1997. XV, 363 S. 91 Abb.,
3 Tabs. (Springer-Lehrbuch) Brosch. **DM 36,-;**
öS 262,80; sFr 32,50 ISBN 3-540-62585-2

Im Vordergrund dieses Buches steht die Planung der
Leistungserstellung und deren organisatorische Einbin-
dung in die Führungsebenen eines Unternehmens. Be-
sonderes Gewicht wird auf die operative Planung gelegt.
Sie wird nicht nur in die langfristige strategische Planung
eingebettet, sondern es wird auch der Zusammenhang
mit der kurzfristigen EDV-Steuerung des Produktions-
prozesses hergestellt. Damit wird eine Brücke zu den
stärker ingenieurwissenschaftlich orientierten Abhand-
lungen der Produktionsplanung und -steuerung
geschlagen.

■ ■ ■ ■ ■ ■ ■ ■ ■ ■

 Springer

Springer-Verlag, Postfach 31 13 40, D-10643 Berlin, Fax 0 30 / 827 87 - 3 01/4 48 e-mail: orders@springer.de rb.BA.63179.SF

U. Koppelmann

Produktmarketing
Entscheidungsgrundlagen für Produktmanager

5., vollst. überarb. u. erw. Aufl. 1997. XVI, 641 S.
299 Abb. Brosch. **DM 68,-**; öS 496,40; sFr 60,-
ISBN 3-540-61824-4

Produktinnovationen sind ein wichtiger Schlüssel zum Überleben von Unternehmen. Dieses Buch zeigt dem Produktmanager einen systematischen Weg, wie ein Produkt entwickelt, vermarktet, gepflegt und eliminiert werden kann. Behandelt werden insbesondere die Verhaltensanalyse als Grundlage für Produktmarketing-entscheidungen, Markt-, Produktgestaltungs-, Produkt-vermarktungs- und Anpassungsanalyse.

U. Koppelmann

Beschaffungsmarketing

2., überarb. u. erw. Aufl. 1995. X, 416 S. 212 Abb.
Brosch. **DM 55,-**; öS 401,50; sFr 48,50
ISBN 3-540-60376-X

In diesem Buch wird der Begriff Beschaffungsmarketing nicht einfach Bekanntem übergestülpt. Vielmehr wird der Beschaffungsbereich an das theoretische Niveau des Absatzes herangeführt. Dabei geht es um Strukturen, Instrumente und Methoden. Es wird ein Entscheidungs-unterstützungssystem entwickelt, das auf heuristischer Grundlage und gepaart mit empirischem Sachverstand zu langfristig guten Lösungen führt.

K. Backhaus; B. Erichson; W. Plinke; R. Weiber

Multivariate Analysemethoden
Eine anwendungsorientierte Einführung

8., verb. Aufl. 1996. XXXIV, 591 S. 144 Abb. 205 Tab.
Brosch. **DM 59,-**; öS 430,70; sFr 52,-
ISBN 3-540-60917-2

Dieses Lehrbuch behandelt die wichtigsten multivariaten Analysemethoden, nämlich Regressionsanalyse, Varianz-analyse, Faktorenanalyse, Clusteranalyse, Diskriminanz-analyse, Kausalanalyse (LISREL), Multidimensionale Skalierung und Conjoint-Analyse.

R. Berndt

Marketing 1
Käuferverhalten, Marktforschung und Marketing-Prognosen

3. Aufl. 1996. XVI, 378 S. 176 Abb. 6 Tab. Brosch.
DM 39,80; öS 290,60; sFr 35,50 ISBN 3-540-60812-5

Band 1 liefert die absatzwirtschaftlichen Verhaltens- und Informationsgrundlagen: das Käuferverhalten, die Marktforschung und Marketing-Prognosen. Die grund-legenden Inhalte dieser drei Bereiche werden anhand von Beispielen illustriert. Die dritte Auflage ist voll-ständig überarbeitet und erweitert.

Marketing 2
Marketing-Politik

3. Aufl. 1995. XIX, 594 S. 295 Abb. Brosch.
DM 49,80; öS 363,60; sFr 44,50 ISBN 3-540-60182-1

Das Kernstück des Gesamtwerkes ist Band 2. Hier wer-den die Teilbereiche der Marketing-Politik umfassend und entscheidungsorientiert dargestellt. Dabei sind neue Kommunikationsinstrumente wie Product-Placement und Sponsoring aufgenommen.

Marketing 3
Marketing-Management

2. Aufl. 1995. XVI, 253 S. 100 Abb. Brosch.
DM 29,80; öS 217,60; sFr 27,-. ISBN 3-540-58748-9

Im Band 3 werden Marketing-Planung, -Organisation und -Führung behandelt. Das methodische Instrumenta-rium wird durchweg anhand von Beispielen erörtert.

Springer

Springer-Verlag, Postfach 31 13 40, D-10643 Berlin, Fax 0 30 / 827 87 - 3 01/4 48 e-mail: orders@springer.de